Wissenschaftliche Reihe Fahrzeugtechnik Universität Stuttgart

Herausgegeben von
M. Bargende, Stuttgart, Deutschland
H.-C. Reuss, Stuttgart, Deutschland
J. Wiedemann, Stuttgart, Deutschland

Das Institut für Verbrennungsmotoren und Kraftfahrwesen (IVK) an der Universität Stuttgart erforscht, entwickelt, appliziert und erprobt, in enger Zusammenarbeit mit der Industrie, Elemente bzw. Technologien aus dem Bereich moderner Fahrzeugkonzepte. Das Institut gliedert sich in die drei Bereiche Kraftfahrwesen, Fahrzeugantriebe und Kraftfahrzeug-Mechatronik. Aufgabe dieser Bereiche ist die Ausarbeitung des Themengebietes im Prüfstandsbetrieb, in Theorie und Simulation. Schwerpunkte des Kraftfahrwesens sind hierbei die Aerodynamik, Akustik (NVH), Fahrdynamik und Fahrermodellierung, Leichtbau, Sicherheit, Kraftübertragung sowie Energie und Thermomanagement – auch in Verbindung mit hybriden und batterieelektrischen Fahrzeugkonzepten.

Der Bereich Fahrzeugantriebe widmet sich den Themen Brennverfahrensentwicklung einschließlich Regelungs- und Steuerungskonzeptionen bei zugleich minimierten Emissionen, komplexe Abgasnachbehandlung, Aufladesysteme und -strategien, Hybridsysteme und Betriebsstrategien sowie mechanisch-akustischen Fragestellungen.

Themen der Kraftfahrzeug-Mechatronik sind die Antriebsstrangregelung/Hybride, Elektromobilität, Bordnetz und Energiemanagement, Funktions- und Softwareentwicklung sowie Test und Diagnose.

Die Erfüllung dieser Aufgaben wird prüfstandsseitig neben vielem anderen unterstützt durch 19 Motorenprüfstände, zwei Rollenprüfstände, einen 1:1-Fahrsimulator, einen Antriebsstrangprüfstand, einen Thermowindkanal sowie einen 1:1-Aeroakustikwindkanal.

Die wissenschaftliche Reihe „Fahrzeugtechnik Universität Stuttgart" präsentiert über die am Institut entstandenen Promotionen die hervorragenden Arbeitsergebnisse der Forschungstätigkeiten am IVK.

Herausgegeben von

Prof. Dr.-Ing. Michael Bargende
Lehrstuhl Fahrzeugantriebe,
Institut für Verbrennungsmotoren und
Kraftfahrwesen, Universität Stuttgart
Stuttgart, Deutschland

Prof. Dr.-Ing. Jochen Wiedemann
Lehrstuhl Kraftfahrwesen,
Institut für Verbrennungsmotoren und
Kraftfahrwesen, Universität Stuttgart
Stuttgart, Deutschland

Prof. Dr.-Ing. Hans-Christian Reuss
Lehrstuhl Kraftfahrzeugmechatronik,
Institut für Verbrennungsmotoren und
Kraftfahrwesen, Universität Stuttgart
Stuttgart, Deutschland

Weitere Bände in der Reihe http://www.springer.com/series/13535

Aras Mirfendreski

Entwicklung eines echtzeitfähigen Motorströmungs- und Stickoxidmodells zur Kopplung an einen HiL-Simulator

 Springer Vieweg

Aras Mirfendreski
Stuttgart, Deutschland

Zugl.: Dissertation Universität Stuttgart, 2017

D93

Wissenschaftliche Reihe Fahrzeugtechnik Universität Stuttgart
ISBN 978-3-658-19328-7   ISBN 978-3-658-19329-4   (eBook)
DOI 10.1007/978-3-658-19329-4

Die Deutsche Nationalbibliothek verzeichnet diese Publikation in der Deutschen National-
bibliografie; detaillierte bibliografische Daten sind im Internet über http://dnb.d-nb.de abrufbar.

Springer Vieweg
© Springer Fachmedien Wiesbaden GmbH 2017

Gedruckt auf säurefreiem und chlorfrei gebleichtem Papier

Springer Vieweg ist Teil von Springer Nature
Die eingetragene Gesellschaft ist Springer Fachmedien Wiesbaden GmbH
Die Anschrift der Gesellschaft ist: Abraham-Lincoln-Str. 46, 65189 Wiesbaden, Germany

Vorwort

Die vorliegende Arbeit entstand im Rahmen einer Industrie-Kooperationspromotion zwischen dem Institut für Verbrennungsmotoren und Kraftfahrwesen der Universität Stuttgart (IVK) und den Fachabteilungen V-Dieselmotoren-Brennstoffzelle und Simulation Antrieb der Audi AG.

Mein besonderer Dank gilt Herrn Prof. Dr.-Ing. Michael Bargende. Durch die wertvollen, fachlichen Diskussionen, durch seine Unterstützung und durch seine mir zugestandenen Freiheiten in der Durchführung dieser Arbeit wurde mir maßgeblich ermöglicht, diese erfolgreich umzusetzen.

Herrn Prof. Dr.-Ing. Roland Baar von der TU Berlin möchte ich für die Übernahme des Korreferates herzlich danken.

Ich danke Herrn Dr.-Ing. Michael Grill für seine immer und zu jeder Zeit beständige Unterstützung in jeglicher Hinsicht. Seine fachlich exzellente Betreuung als auch seine Art und Denkweise mit denen er komplexen Themen begegnet haben mich immer inspiriert und mir den Grundstein dafür gelegt, die vorliegende Arbeit erfolgreich zu bewältigen.

Herr Dr.-Ing Andreas Schmid hat seitens der Audi AG die fachliche Betreuung übernommen. Für die regelmäßigen Rücksprachen und seine Unterstützung während dieser Zeit möchte ich ihm danken.

Weiterhin danke ich dem Abteilungsleiter der Fachabteilung V-Dieselmotoren/Brennstoffzelle Herrn Dipl.-Ing. Immanuel Kutschera dafür, dass er die Durchführung dieser Arbeit genehmigt und gefördert hat.

Bei meinem Abteilungskollegen der Augi AG Dipl.-Ing. Torsten Rausch bedanke ich mich sehr herzlich für die zu jeder Zeit bereitwillige Hilfestellung und Unterstützung bei fachlichen Fragen. Sein engagierter und freundschaftlicher Umgang hat maßgeblich für eine sehr angenehme Arbeitsatmosphäre gesorgt.

Stuttgart   Aras Mirfendreski

Inhaltsverzeichnis

Abbildungsverzeichnis

Tabellenverzeichnis

Kurzfassung

Für die Analyse von Steuergeräten vor dem Serieneinsatz werden Hardware in the Loop (HiL)-Simulatoren eingesetzt, die eine Vielzahl von Funktionen modellbasiert überprüfen und mögliche Applikationsfehler frühzeitig detektieren. Aufgrund der dort geforderten Geschwindigkeitsprämisse bezüglich der Echtzeitfähigkeit der Motormodelle, können diese bislang nur stark vereinfacht dargestellt werden, mit dem daraus resultierenden Verlust in ihrer Vorhersagefähigkeit. Viele spezifische Funktionsprüfungen können damit nicht absolviert werden.

Im Rahmen dieser Arbeit wird ein neuartiger Ansatz eines 1D-Motormodells auf Grundlage der Fourier-Transformations (FT)-Methode vorgestellt, der auf Basis einer Füll-und Entleer (FuE)-Methode aufbaut und damit die Anforderungen der Echtzeitfähigkeit erfüllt. Mit Hilfe des mathematischen FT-Ansatzes ist es möglich strömungsmechanische Druckpulsationen, die im Motorluftpfad entstehen, abzubilden und damit den Ansatz des FuE-Modells zu erweitern. Druckpulsationen im Motorluftpfad haben Einflüsse auf das innermotorische Verhalten (Ladungswechsel, Turbinenansprechverhalten etc.). Da Pulsationen innerhalb der Strömung maßgeblich von den Ventilsteuerzeiten initiiert werden, wird das Modell zunächst für den dieselmotorischen Betrieb entwickelt, für den die Steuerzeiten im gesamten Motorkennfeldbereich invariabel sind. Das Modell wird im weiteren Verlauf um Ansätze erweitert, sodass auch der ottomotorische Prozess hinsichtlich Betriebsstrategien wie Scavenging, variable Steuerzeiten etc. angewendet werden kann.

Das Modell für die schnelle Motorprozessrechnung wird um ein Emissionsmodell erweitert, mit dem für die Anwendung der dieselmotorischen Verbrennung prädiktive Aussagen über Stickoxid-Rohemissionen getroffen werden können. Das Modell basiert auf einem semi-physikalischen Exponentialansatz, der als Eingangsparameter zylinderspezifische Bezugsgrößen verwendet, die aus einer 2-zonigen Verbrennungsberechnung folgen. Auf Grund seiner arbeitsspielaufgelösten Berechnungsgrundlage erfüllt er die Anforderungen für eine hohe Rechengeschwindigkeit.

Basierend auf der Grundlage dieses Gesamtmodells werden verschiedene Kopplungsstrategien am HiL-Simulator untersucht. Mit dem Hauptaugenmerk auf die Echtzeitfähigkeit, werden weitere, notwendige Geschwindigkeitspotentiale herausgearbeitet und eine Modellanbindung unter Berücksichtigung einer optimalen Nutzung der Rechnerprozessor-Leistung untersucht. Durch die entwickelte Methode von variabel gestaltbaren Sampling-Raten zwischen dem Motorsteuergerät (MSG) und dem Motormodell kann die Gesamtgeschwindigkeit um ein Vielfaches erhöht werden. Im Rückschluss bedeutet dies, dass dabei zusätzliche Prozessorleistung zur Verfügung steht, mit der das Motormodell hinsichtlich seiner physikalisch gestalteten Abbildungsgüte erweitert werden kann, sodass es dabei an Detailtiefe hinzugewinnt.

Abstract

For the analysis of electronic control units (ECU) before series production, hardware-in-the-loop (HiL) simulators are used for model-based function diagnosis such that possible errors due to false applications can be detected at an early stage. When real-time capability of an engine model is required, it can only be represented in a highly simplified manner which leads to loss in predictability. Many specific function tests, therefore, cannot be carried out.

In many technical areas, the Fourier transformation (FT) method is applied, which makes it possible to represent superimposed oscillations by their sinusoidal harmonic oscillations of different orders. In a first step, this work presents a novel modeling concept for a 1D-engine-model with the Fourier transformation (FT) method, based on a mean value model providing the prerequisites for real-time capability. By means of the mathematical FT-concept, it is possible to represent pressure pulsations emerging inside the engine air path and so, to improve the standard of a mean value model. Pressure pulsations have a strong influence on the engine's internal behavior such as for the gas exchange of the cylinder, the responsive performance of the turbo charger, etc. Since the characteristics of pressure pulsations of the air path are initiated by the valve timings, the model is first presented for a Diesel engine where valve timings are nearly invariable. In a further stage, this model is expanded by approaches that take operating strategies such as scavenging and variable valve timings into account. These extensions make the FT-model also applicable for gasoline engines.

In a second step, this paper presents a nitrogen oxide (NO)-emission model which is based on a semi physical principle. The relevance of cycle specific in-cylinder values are investigated on their effects on the NO-formation. The functionality of each parameter is designed and calibrated on the basis of NO-measurements from an engine test bench. Due to the cycle-resolved basis for the NO-calculation, the model remains real-time capable and can be attached to the prior developed FT-model.

Based on this overall model, several HiL-coupling strategies are investigated and presented. The results have proven that it is beneficial to create the sampling rate between the model and the HiL-Simulator in a variable manner. By this method, the system speed can be increased, which in conclusion means that additional processor performance can be deallocated. This, in turn, can be very well used to improve the inherent disadvantages of a simplified mean value model with more physics and more details.

1 Einleitung

1.1 Motivation

Der computergestützte Einsatz von Simulationswerkzeugen in der Entwicklung von Motoren hat sich in den letzten Jahrzehnten immer stärker etabliert und ist heutzutage unentbehrlich. Simulationen werden für ihren Einsatz in der Motorenentwicklung in den Bereich der Festigkeitsberechnung (Mehrkörpersimulation (MKS), Finite Elemente Methode (FEM)) und der Strömungsberechnung unterteilt. Eingesetzt wird die Festigkeitsberechnung für die Auslegung von Werkstoffen mit statischer Beanspruchung wie Zylinderkopf, Kurbelgehäuse, Abgaskrümmer oder für rotierende Bauteile wie Kurbeltrieb, Ventiltrieb, Kettentrieb, Riementrieb, Kolben, Pleuel, Gleitlager, Abgasturbolader etc. Die Strömungsberechnung dient zur Abbildung von Fluideigenschaften und durchströmten Bauteilen wie z. B. für den Motorluftpfad oder etwa für Öl- und Wasserkreisläufe.

Im Bereich der Strömungsberechnung des Motorluftpfades werden je nach Detailbedarf 0D-, 1D- oder 3D-CFD-Tools eingesetzt. Ein höherer Detaillierungsgrad geht dabei immer mit einem höheren Berechnungsaufwand und somit einer höheren Rechenzeit einher.

Die Zeitdauer für 3D-CFD Anwendungen liegen in einem so hohen Bereich, dass sie nicht für Gesamtmotorprozessrechnungen geeignet sind, stattdessen werden sie für die Berechnung von Fluid-durchströmten Einzelkomponenten herangezogen. Für die 0D- und 1D-Berechnung spielt der Zeitfaktor zum heutigen Zeitpunkt eine immer wichtiger werdende Rolle. Durch die Kombination aus der stetigen Leistungsentwicklung von Rechenprozessoren und effizienteren Algorithmen von Berechnungslösern, wird ein neues Zeitalter erreicht, in dem Gesamtmotorprozesse innerhalb einer real laufenden Zeit, auch Echtzeit genannt, gelöst werden können. Dadurch ergibt sich die Möglichkeit einer Kopplung der Simulation-Tools mit realen Bauteilen aus dem Bereich der Elektronik. Speziell für die Applikationsauslegung von Motorsteuergeräten erschließen sich völlig neue Anwendungsmöglichkeiten, die für die Vorentwicklung bedeutende Vorteile mit sich bringen.

1.2 3D-CFD-Modellierung

Die 3D-CFD bietet die Möglichkeit, differenzierte Einblicke in komplexe Strömungsphänomene zu erhalten. Durch ihre Anwendung können Fluid-durchströmte Bauteile hinsichtlich ihrer Konstruktion optimiert werden. Die folgende Liste zählt einige gängige Motorbereiche auf, die mittels der 3D-CFD berechnet werden:

- Zylindereinlass: Luftansaugung, Verdichteran- und innenströmung, Ladeluftkühler (LLK), Ladeluftstrecke, Sauganlage, Kanalauslegung, Ventilauslegung (Ladungsbewegung für Tumble- und Drallerzeugung).

- Zylinder: Injektorlage, Einspritzstrahl (Düsenlöcher, Einspritzwinkel etc.), Kolbengeometrie (Verdichtungsverhältnis, Mulde, Kühlkanäle etc.).

- Zylinderauslass: Kanalauslegung, Ventilauslegung (Ladungsbewegung), Krümmer, AGR-Strecke, AGR-Kühler, Turbinenan- und Innenströmung, VTG, Wastegate, Abgasanlage (Katalysator (KAT)- und Sondenanströmung).

- Komponenten: Öl- und Wasserkreislauf (Pumpe, Zulauf, Zylkinderkopfkühlung, Kurbelgehäusekühlung, Thermostat etc.).

Bei den zugrundeliegenden Berechnungsgleichungen handelt es sich im Allgemeinen um die Erhaltungssätze für Masse, Impuls und Energie, welche gemeinsam als Navier-Stokes-Gleichungen bezeichnet werden und die Basis der numerischen Fluidmechanik darstellen. Ein Strömungsfeld wird durch seinen Geschwindigkeitsvektor sowie durch die Zustandsgrößen Druck, Dichte und Temperatur in Abhängigkeit von Ort und Zeit vollständig charakterisiert. Das **Erhaltungsgesetz der Masse** wird wie folgt beschrieben. [1]

$$\frac{\mathrm{d}m}{\mathrm{d}t} = 0 \qquad\qquad\text{Gl. 1.1}$$

Die Gleichung drückt aus, dass die zeitliche Änderung der Masse innerhalb eines festen Kontrollvolumens der zu- bzw. abgeführten Massen über den Rän-

oder abnehmen, wenn sich die Dichte des Fluids ändert. Für inkompressible Fluide wird die Erhaltungsgleichung für die Masse in integraler Form folgendermaßen ausgedrückt:

$$\frac{\partial}{\partial t} \int_V \rho \mathrm{d}V + \int_S \rho u \cdot n \mathrm{d}S = 0 \qquad \text{Gl. 1.2}$$

V bezeichnet dabei das Kontrollvolumen, S seine Oberfläche, n den Einheitsvektor senkrecht zu S (nach außen gerichtet), u die Fluidgeschwindigkeit und ρ die Dichte des Fluids. Eine entsprechende koordinatenfreie Differentialform der Kontinuitätsgleichung kann unter Anwendung des Gauß-Theorems hergeleitet werden. [1]

$$\frac{\partial \rho}{\partial t} + \nabla \cdot \rho u = 0 \qquad \text{Gl. 1.3}$$

Eine weitere, oftmals gebräuchliche Darstellungsweise ist die kartesische Tensorschreibweise mit ausgeschriebenem Nabla-Operator.

$$\frac{\partial \rho}{\partial t} + \frac{\partial \rho u_x}{\partial x} + \frac{\partial \rho u_y}{\partial y} + \frac{\partial \rho u_z}{\partial z} = 0 \qquad \text{Gl. 1.4}$$

Dabei beschreiben (u_x, u_y, u_z) die kartesischen Komponenten des Geschwindigkeitsvektors u. Die 2. Newtonsche Bewegungsgleichung beschreibt die **Impulserhaltung**. Sie drückt aus, dass der Impuls eines Kontrollvolumens durch von außen wirkende Kräfte f beeinflusst werden kann. [1]

$$\frac{mu}{\partial t} = \sum f \qquad \text{Gl. 1.5}$$

Die Impulserhaltungsgleichung in integraler Form lautet wie folgt.

$$\frac{\partial}{\partial t} \int_V \rho u \mathrm{d}V + \frac{\partial}{\partial t} \int_S \rho u u \cdot n \mathrm{d}S = \int_S T \cdot n \mathrm{d}S + \int_V \rho b \mathrm{d}V \qquad \text{Gl. 1.6}$$

Die linke Seite der Gleichung beschreibt den Impuls eines Fluids innerhalb eines Kontrollvolumens. Seine zeitliche Änderung entspricht der Summe aus einwirkenden Oberflächenkräften (Scher- und Normalkräfte) und äußeren Kräften. Zu den äußeren Kräften zählen beispielsweise Gravitations-, Zentrifugal-, Coriolis- oder elektromagnetische Kräfte. Diese werden in der Variablen b zusammengefasst. [1]

Der Spannungstensor T für ein Newtonsches Fluid beschreibt die molekulare Transportrate eines Impulses und kann im kartesischen Koordinatensystem wie folgt dargestellt werden [1].

$$T_{ij} = - \left(p + \frac{2}{3} \mu \frac{\partial u_j}{\partial x_i} \right) \delta_{ij} + 2\mu D_{ij} \qquad \text{Gl. 1.7}$$

D stellt dabei den Tensor der Deformationsrate dar, δ_{ij} das Kronecker-Symbol ($\delta_{ij} = 1$ für $i = j$, $\delta_{ij} = 0$ für $i \neq j$), p und μ stehen jeweils für den Druck und für die dynamische Viskosität des Fluids [1].

Zur Beschreibung des viskosen Teils des Spannungstensors wird in der Literatur auch die folgende Schreibweise gewählt.

$$\tau_{ij} = 2\mu D_{ij} - \frac{2}{3} \mu \delta_{ij} \nabla u \qquad \text{Gl. 1.8}$$

mit

$$D_{ij} = \frac{1}{2} \left(\frac{\partial u_i}{\partial x_j} + \frac{\partial u_j}{\partial x_i} \right) \qquad \text{Gl. 1.9}$$

Die koordinatenfreie Vektordarstellung des Impulserhaltungssatzes lautet:

$$\nabla u_i \rho u = u_i \nabla \cdot (\rho u) + \rho u \cdot \nabla u_i. \qquad \text{Gl. 1.10}$$

Wird der viskose Teil des Spannungstensors τ_{ij} in Gleichung 1.2 eingesetzt und die Schwerkraft als einzige äußere Kraft betrachtet, erhält man in kartesischer Tensorschreibweise die Form:

$$\frac{\partial \rho u_i}{\partial t} + \frac{\partial \rho u_j u_i}{\partial x_j} + \frac{\partial \tau_{ij}}{\partial x_j} - \frac{\partial p}{\partial x_i} + \rho g_i = 0 \qquad \text{Gl. 1.11}$$

Die **Energieerhaltungsgleichung** kann in verschiedenen Formen dargestellt werden je nachdem welche physikalische Größe als Variable betrachtet wird (Temperatur, innere Energie, thermische Enthalpie, Totalenthalpie etc.). Eine gängige Darstellung für eine Strömung kann mithilfe der Enthalpie h und der Wärmeleitfähigkeit k beschrieben werden. [1]

$$\frac{\partial}{\partial t} \int_V \rho h \mathrm{d}V + \int_S \rho h u \cdot n \mathrm{d}S = \int_S k \nabla T \cdot n \mathrm{d}S + \int_V (u \cdot \nabla p + S' \cdot \nabla u) \mathrm{d}V + \frac{\partial}{\partial t} \int_V p \mathrm{d}V$$

$$\text{Gl. 1.12}$$

Dabei entspricht S' dem viskosen Teil des Spannungstensors. Die koordinaten-freie Vektordarstellung des Energieerhaltungssatzes lautet:

$$\frac{\partial(\rho\phi)}{\partial t} + \nabla \cdot (\rho\phi u) = \nabla \cdot (\Gamma\nabla\rho) + q_\phi. \qquad \text{Gl. 1.13}$$

Für die Erhaltung eines Skalars repräsentiert ϕ die Menge des Skalars pro Masseneinheit, z. B. die spezifische Enthalpie oder die innere Energie. Die Differentialform der generischen Erhaltungsgleichung lautet in kartesischen Koordinaten und Tensornotation:

$$\frac{\partial(\rho\phi)}{\partial t} + \frac{\partial(\rho u_i \phi)}{\partial x_j} = \frac{\partial}{\partial x_j}\left(\Gamma\frac{\partial\phi}{x_j}\right) + q_\phi \qquad \text{Gl. 1.14}$$

Die Variable Γ beschreibt dabei den Diffusionskoeffizienten für die Größe ϕ, q_ϕ bezeichnet Quellen und Senken von ϕ, die dem Kontrollsystem zu- bzw. abgeführt werden. Durch die Erhaltungssätze für Masse, Impuls und Energie wird ein System gemeinsam mit der thermischen Zustandsgleichung idealer Gase und den Beziehungen zwischen der spezifischen Gaskonstante $\mathcal{R}$, dem Isentropenexponent κ und den spezifischen Wärmekapazitäten c_p sowie c_v vollständig beschrieben [2].

$$p \cdot v = m \cdot R \cdot T, \kappa = \frac{c_p}{c_v}, R = c_p - c_v \qquad \text{Gl. 1.15}$$

Insgesamt ergibt sich ein Gleichungssystem aus nicht-linearen, partiellen Differentialgleichungen (DGL). Diese werden in jedem Punkt der diskretisierten Struktur (Netz) zu jedem einzelnen Zeitschritt iterativ berechnet.

1.3 1D-Modellierung

Ist eine Motorprozessrechnung inklusive des Motorluftpfades das Ziel, bietet sich die Modellierung mithilfe eines eindimensionalen Ansatzes an. Im Rahmen einer 1D-Simulation wird die Fluidströmung ausschließlich entlang der Hauptströmungsrichtung berücksichtigt, woraus im Verhältnis zur 3D-CFD ein moderater Rechenaufwand resultiert. Neben der Berechnung des Motorluftpfades eignen sich 1D-Strömungsmodelle beispielsweise zur Ladungswechselberechnung, Abgasturbolader (ATL)-Auslegung, Geometrieoptimierungen sowie zur Auslegung und Dimensionierung von Kühl- und Ölkreisläufen.

Eindimensionale Modelle basieren auf den Erhaltungsgleichungen von Masse, Impuls und Energie. Als Folge der geringeren Dimensionen, kann eine 1D-Strömungsberechnung im Vergleich zur 3D-CFD deutlich vereinfacht ausgedrückt werden. Die folgende Darstellung der Grundgleichungen wird in [2] präsentiert.

Im Hinblick auf die **Massenerhaltung** erfolgt für die eindimensionale, ausgehend von der dreidimensionalen Betrachtung, die folgende Vereinfachung durch den Entfall der örtlichen Koordinatenauflösung in y- und z-Richtung:

$$\frac{\partial}{\partial t} + \frac{\partial m_x}{\partial x} + \cancelto{0}{\frac{\partial m_y}{\partial y}} + \cancelto{0}{\frac{\partial m_z}{\partial z}} = 0 \qquad \text{Gl. 1.16}$$

$$\rightarrow \frac{\partial}{\partial t} + \frac{\partial m_x}{\partial x} = 0 \qquad \text{Gl. 1.17}$$

Durch die Anwendung der Kontinuitätsgleichung kann die Masse ersetzt werden.

$$\frac{\partial}{\partial t} + \frac{\partial m_x}{\partial x} = \frac{\partial}{\partial t} + \frac{\partial(\rho_x u_x A_x)}{\partial x} \qquad \text{Gl. 1.18}$$

Dabei entspricht A_x der durchströmten Fläche eines Rohres quer zur Strömungsrichtung. Die x-Komponente der Strömungsgeschwindigkeit entspricht wegen der eindimensionalen Annahme dem gesamten Strömungsvektor $u_x = u$. Somit lautet die Massenerhaltung für die eindimensionale Betrachtung:

$$\frac{\partial \rho}{\partial t} + \rho \frac{\partial u}{\partial x} + u \frac{\partial \rho}{\partial x} + \frac{\rho u}{A} \frac{\partial A}{\partial x} = 0 \qquad \text{Gl. 1.19}$$

Für die **Impulserhaltung** kann ausgehend von der dreidimensionalen Betrachtung die unten stehende Reduktion der Einzelterme vorgenommen werden. Dabei werden die Oberflächen- und die von außen einwirkenden Kräfte zusammengefasst und durch einen Reibkoeffizienten f_R wiedergegeben.

$$\frac{\partial \rho u_i}{\partial t} + \frac{\partial \rho u_j u_i}{\partial x_j} + \frac{\partial \tau_{ij}}{\partial x_j} - \frac{\partial p}{\partial x_i} + \rho g_i \qquad \text{Gl. 1.20}$$

$$\rightarrow \frac{\partial \rho u}{\partial t} + u \frac{\partial u}{\partial x} + \frac{\partial p}{\partial x} + f_R = 0 \qquad \text{Gl. 1.21}$$

Verfolgt man das gleiche Schema und versucht ausgehend von der dreidimensionalen zur eindimensionalen Betrachtung der **Energieerhaltung** zu gelangen, kann Gleichung 1.22, je nachdem welches Skalar gewählt wird, unterschiedliche Formen annehmen. Durch Einsetzen der dargestellten Gleichungen für die Kontinuität aus Gl. 1.17 und der Impulserhaltung aus Gl. 1.21, kann die Energiegleichung in generischer Form als Funktion des totalen Druckdifferentials nach Gl. 1.23 dargestellt werden. [2, 3]

$$\frac{\partial(\rho\phi)}{\partial t} + \frac{\partial(\rho u_i \phi)}{\partial x_j} = \frac{\partial}{\partial x_j}\left(\Gamma\frac{\partial\phi}{x_j}\right) + q_\phi \qquad \text{Gl. 1.22}$$

$$\rightarrow \frac{\partial p}{\partial t} + u\frac{\partial p}{\partial x} + (q_\phi + u \cdot f_r)\rho = 0 \qquad \text{Gl. 1.23}$$

1.4 0D-Modellierung

Eine wesentlich einfachere Beschreibung des Luftpfades findet auf Basis von nulldimensionalen (0D)-Modellen statt. Durch eine Entkopplung des Systems, ausgehend von der Weg-Zeit-Ebene, wird der Strömungsvorgang von einem Strömungsweg gelöst und ist damit nur noch zeitabhängig. In einem betrachteten Teilsystem ist der thermodynamische Zustand zu einem diskreten Zeitpunkt räumlich konstant.

In der 1D-Strömungsmodellierung können allerdings auch Teile des Luftpfads in Form von Luftvolumen als dimensionslos betrachtet werden. Dabei wird das Reflexionsmaß mit einer charakteristischen und damit einer repräsentativen Länge eines Volumens errechnet. Neben dem Luftpfad werden auch weitere Teilsysteme des Motors sowie Brennraum, Abgasturbolader etc. auf Basis einer nulldimensionalen Betrachtung modelliert.

1.4.1 Füll- und Entleermodelle

Die Füll- und Entleer-Methode stellt ein in der Praxis gebräuchliches Konzept zur Berechnung von Fluid-durchströmten Rohrsystemen dar, die vor allem für die Berechnung des Motorluftpfades zum Einsatz kommt. Dabei werden Rohrleitungen des Luftpfadsystems zu sphärischen Behältern mit entsprechenden

Volumina zusammengefasst, weshalb diese Form von Modellen auch als sogenannte „Behältermodelle" bezeichnet werden.[1] Diese werden mittels Drosselstellen voneinander getrennt, die als Blenden oder Ventile mit festem bzw. variablem Strömungsquerschnitt abgebildet werden. Zustandsänderungen innerhalb der jeweiligen Behälter werden dabei unter Berücksichtigung von instationären Füll- und Entleervorgängen berechnet. Ein positiver Volumenstrom zwischen aneinandergrenzenden Behältern wird dadurch erzeugt, dass der vordere Behälter gefüllt und der Hintere entleert wird.

Eine entscheidende Annahme die dabei vorausgesetzt wird ist, dass Druck und Temperatur innerhalb der Behälter ohne Verzögerung ausgeglichen werden. Zu jedem diskreten Rechenschritt findet eine vollständige Durchmischung des Behälterinhaltes statt. Die Strömung bewegt sich somit mit unendlich großer Schallgeschwindigkeit durch das Luftpfadsystem.

Für eine Berechnung von instationären Vorgängen wird angenommen, dass die Strömung für kleine Zeitintervalle jeweils stationär behandelt werden kann, was zu Abweichungen im Ergebnis führt. Gasdynamische Strömungseffekte können mit einer FuE-Methode nicht wiedergegeben werden, sodass letztere sich zur Untersuchung von Konzepten, wie Resonanzaufladung am Zylindereinlass, Stoßaufladung am Abgasturbolader etc., nicht eignen. [2]

Ein System wird durch die Mittelwerte von Druck, Temperatur, Masse, innerer Energie und dem Wärmeströmen über die Systemgrenzen beschrieben (Abb. 1.1).

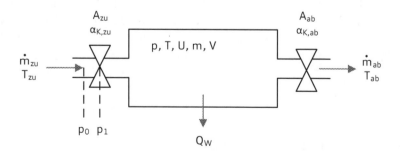

Abbildung 1.1: Zustandsgrößen, Stoff- und Energieströme eines Behältermodells

---

[1] Der Vollständigkeit halber sei zu erwähnen, dass im Sprachgebrauch innerhalb der kommerziellen Motor-Simulationssoftware „GT-POWER" ein Füll-und Entleermodell auch als Fast

Für die Berechnung von Behältermodellen werden die Erhaltungssätze für Masse und Energie berechnet, die Betrachtung des Impulserhaltungssatzes entfällt durch das Nichtvorhandensein einer örtlichen Auflösung. Dadurch ist das System gegenüber einem 1D-Ansatz stark vereinfacht. Die **Massenerhaltung** erhält somit ausgehend von einer 3D-Berechnungsgrundlage eine vereinfachte Differentialform, die folgendermaßen ausgedrückt werden kann:

$$\frac{\partial \rho}{\partial t} + \cancelto{0}{\frac{\partial \rho u_x}{\partial x}} + \cancelto{0}{\frac{\partial \rho u_y}{\partial y}} + \cancelto{0}{\frac{\partial \rho u_z}{\partial z}} = 0 \qquad \text{Gl. 1.24}$$

$$\rightarrow \frac{\partial \rho}{\partial t} = 0 \qquad \text{Gl. 1.25}$$

Daraus kann eine zeitlich lösbare Darstellung hergeleitet werden.

$$\frac{\mathrm{d}}{\mathrm{d}t} m(t) = \dot{m}_{\mathrm{zu}}(t) - \dot{m}_{\mathrm{ab}}(t) = 0 \qquad \text{Gl. 1.26}$$

Der **Erhaltungssatz für Energie**, ausgehend von der 3D-Betrachtungsweise, kann entsprechend auf die folgende Form reduziert werden:

$$\frac{\partial(\rho\phi)}{\partial t} + \cancelto{0}{\frac{\partial(\rho u_j \phi)}{\partial x_j}} = \cancelto{0}{\frac{\partial}{\partial x_j}\left(\Gamma\frac{\partial \phi}{x_j}\right)} + q_\phi \qquad \text{Gl. 1.27}$$

$$\rightarrow \frac{\partial \rho\phi}{\partial t} = q_\phi \qquad \text{Gl. 1.28}$$

Betrachtet man für das Skalar ϕ die innere Energie eines Systems, nimmt die zeitliche Änderung die folgende Form an:

$$\frac{\mathrm{d}U}{\mathrm{d}t} = \frac{\mathrm{d}Q_{\mathrm{W}}}{\mathrm{d}t} + \frac{\mathrm{d}H_{\mathrm{zu}}}{\mathrm{d}t} - \frac{\mathrm{d}H_{\mathrm{ab}}}{\mathrm{d}t} \qquad \text{Gl. 1.29}$$

Mit Hilfe der thermischen Zustandsgleichung für ideale Gase kann die innere Energie auch als Funktion von Druck, Temperatur und dem Isentropenexponenten κ ausgedrückt werden:

$$\frac{\partial U}{\partial t} = \frac{\partial}{\partial t} \cdot \frac{p \cdot V}{\kappa - 1} = \frac{1}{\kappa - 1} \cdot \frac{\partial p}{\partial t} \cdot V + \frac{1}{\kappa - 1} \cdot p \cdot \frac{\partial V}{\partial t} \qquad \text{Gl. 1.30}$$

Zusammen mit den kalorischen Zusammenhängen

$$U = m \cdot c_V \cdot T, H = m \cdot c_p \cdot T \qquad\qquad \text{Gl. 1.31}$$

ergeben sich mit den Gleichungen 1.29 und 1.31 und einer Vernachlässigung der Wärmeströme über die Wände die folgenden zeitlichen Veränderungen für p und T:

$$\frac{\mathrm{d}T}{\mathrm{d}t} = \frac{T \cdot R}{c_V \cdot p \cdot V} \left[\left(\dot{H}_{zu}(t) - \dot{H}_{ab}(t) \right) \left(1 - \frac{c_V}{c_p} \right) \right] \qquad\qquad \text{Gl. 1.32}$$

$$\frac{\mathrm{d}p}{\mathrm{d}t} = \frac{\kappa \cdot R}{V \cdot c_p} \left[\dot{H}_{zu}(t) - \dot{H}_{ab}(t) \right] \qquad\qquad \text{Gl. 1.33}$$

Um den Massenstrom über die Drosselstellen zu bestimmen (siehe Abb. 1.1), wird eine Durchflussgleichung nach *de Saint-Venant* für stationäre, adiabate Strömungen verwendet. Eine ausführliche Herleitung kann in [2] nachgelesen werden.

$$\dot{m} = \alpha_K \cdot A_{zu} \cdot \sqrt{p_0 \cdot \rho_0} \cdot \psi, \psi = \sqrt{\frac{2\kappa}{\kappa - 1} \left(\left(\frac{p_1}{p_2} \right)^{\frac{2}{\kappa}} - \left(\frac{p_1}{p_2} \right)^{\frac{\kappa+1}{\kappa}} \right)} \qquad \text{Gl. 1.34}$$

Dabei ist A_{zu} der geometrische Ausströmungsquerschnitt, p_0 und ρ_0 der Druck und die Dichte im Behälter vor der Drosselstelle, α_K der Durchflussbeiwert und p_1 der im Ausströmungsquerschnitt wirkende Druck. Der Term ψ wird auch Ausflussfunktion bezeichnet.

Mittels der Durchflusskoeffizienten werden reale Effekte bei der Durchströmung eines Ventils, wie z. B. die Einschnürung, berücksichtigt, wodurch der tatsächliche Strömungsquerschnitt kleiner ausfällt als der geometrische. Dieser Beiwert beschreibt damit das Verhältnis von tatsächlich vorliegendem zu theoretisch möglichem Massenstrom.

Das Maximum der Ausflussfunktion ergibt sich durch eine Extremwertermittlung im Rahmen einer Kurvendiskussion. An der Stelle ψ_{max} wird gerade das kritische Druckverhältnis $\left(\frac{p_1}{p_0} \right)_{krit}$ erreicht, wie folgende Gleichung zeigt:

$$\frac{\partial \psi}{\partial \left(\frac{p_1}{p_0} \right)} = 0, \left(\frac{p_1}{p_0} \right)_{krit} = \left(\frac{2}{\kappa + 1} \right)^{\frac{\kappa}{\kappa-1}} \qquad\qquad \text{Gl. 1.35}$$

Wie in Abb. 1.2 zu erkennen ist, steigt der Wert der Ausflussfunktion bis zum kritischen Druckverhältnis an. An diesem Punkt wird im engsten Querschnitt

Schallgeschwindigkeit und damit der maximal mögliche Massendurchfluss erreicht. Links davon kann der Massenstrom durch eine Erhöhung von p_0 bzw. durch Absenkung von p_1 erhöht werden. [2, 4]

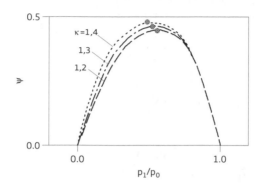

Abbildung 1.2: Ausflussfunktion in Abhängigkeit von κ und Druckverhältnis [2]

1.4.2 Mittelwertmodelle

Bei den sogenannten Mittelwertmodellen, oft in der Praxis mit dem englischen Begriff „Mean Value Model" (MVM) bezeichnet, handelt es sich um eine untergeordnete und komprimierte Form der Füll- und Entleermodelle. Der Unterschied liegt darin, dass im Gegensatz zu einer herkömmlichen Motorprozessrechnung der Arbeitsprozess nicht kurbelwinkelaufgelöst, sondern arbeitsspielgemittelt betrachtet wird.

Solche Modelle kommen dann zum Einsatz, wenn auf eine kurbelwinkelaufgelöste Betrachtung des Motors verzichtet werden kann, oder etwa im Gegensatz zur Füll-und Entleermethode noch kürzere Rechenzeiten erforderlich sind. Dies kann beispielsweise für schnelle Parameterstudien der Fall sein, einer Integration des Motormodells in eine Gesamtfahrzeug-Umgebung (Längsdynamik) oder etwa für die Kopplung von Motorsteuergeräten, bei der eine Echtzeitfähigkeit zwingend ist.

Verbrennung
Anders als bei den bisher vorgestellten Konzepten der Strömungsberechnung, wird der Motor durch die arbeitsspielaufgelöste Betrachtungsweise als gesamtheitlich betrachtet. Das Drehmoment und der thermodynamische Zustand des

Abgases werden in der Regel über die zugeführte Luft und über die Brennstoffmasse ermittelt, der thermodynamische Wirkungsgrad muss aus Messungen bekannt sein und als Kennfeld hinterlegt werden. Die Verbrennung wird
dadurch in ihrer Betrachtungsweise stark eingeschränkt. Einflüsse der Einspritzung wie Einspritzzeitpunkt oder -charakteristik (Mehrfacheinspritzung),
Brennverlauf, Wärmeübergang etc. können aufgrund ihrer Komplexität nicht
abgebildet werden.

1.4.3 Mathematische Modelle

Mathematische Modelle[2] finden ihren Einsatz, wenn der Fokus darauf liegt,
die Abbildung von Größen unbekannter Systeme mithilfe von Messdaten zu
erzeugen, die mit möglichst wenig Aufwand generiert werden können. Dieses Vorgehen ist dann sinnvoll, wenn eine physikalische Modellierung eines
Systems nur eingeschränkt bzw. nur mit hohem Aufwand zu leisten ist.

Mathematische Modelle werden in lineare und nichtlineare unterteilt. Im Allgemeinen ermöglichen diese eine beliebige Abhängigkeit einer Größe von Sys-
temgrößen virtuell zu beschreiben. Diese weisen weder eine räumliche, noch
eine zeitliche Abhängigkeit auf. Damit ist eine Vorhersage des Systemverhaltens möglich, ohne detaillierte Zusammenhänge zwischen den unterschiedlichen Parametern und den Ausgangsgrößen zu kennen. Die daraus abgeleiteten Modelle werden auch gesamtheitlich „Black-Box Models" (BBM) genannt.
Als Eingangsgröße x können alle Größen verwendet werden, die einen beliebigen Einfluss auf die gesuchte Ausgangsgröße Y aufweisen. Ein mathematisches Modell besteht somit aus drei Ebenen: den Eingängen, der Black-Box
und den Ausgängen, so wie in Abb. 1.3 dargestellt. [5]

---

[2] Neben dem Begriff des mathematischen Modells werden im gängigen Sprachgebrauch auch
     die Bezeichnungen „statistisches Modell" oder „Design of Experiment (DOE)- Modell" ver-
     wendet.

Abbildung 1.3: Aufbau eines Black-Box-Modells

In Abbildung 1.4 ist eine abgewandte, schematische Modellstruktur eines mathematischen Motormodells dargestellt, so wie sie bei der Audi AG für Echtzeitanwendungen zum Einsatz kommt. Der Motor wird dabei in unterschiedliche Modellblöcke unterteilt: Luftpfad, Kraftstoff, Moment und Emission. Diese werden jeweils über neuronale Netze antrainiert, wodurch das Modell eine sehr hohe Rechengeschwindigkeit erreicht. Die Motordrehzahl n, Umgebungsdruck p_0, Saugrohrtemperatur T_{SR}, VTG-Stellung α_{VTG} und die Drosselklappenstellung α_{DK} stellen für diesen Ansatz ausreichend Informationen bereit, um die für die Momentenberechnung relevante Zylinderluftmasse $m_{L.Zyl}$ zu ermitteln. [6]

Bei der statistischen Versuchsplanung eignen sich sogenannte raumfüllende Pläne. Der Begriff wird abgeleitet von einer gleichmäßigen Verteilung von Messpunkten im Parameterraum. Dafür gibt es in der Literatur verschiedene Ansätze. Für nähere Informationen dazu wird auf [7] hingewiesen.

Mit der Definition des Parameterraums, welcher zu Beginn der statistischen Versuchsplanung festgelegt wird, wird auch der Gültigkeitsbereich des später abgeleiteten Modells definiert. Werden die Grenzen zu eng gesetzt, so werden Abhängigkeiten der Eingangsparameter nur innerhalb deren von Ausgangsgrößen antrainiert. Eine Extrapolierbarkeit ist bei dieser Art von Modellen in aller Regel nicht gültig. Werden hingegen die Grenzen zu groß gewählt, so vergrößert sich der Trainingsraum - die Anzahl an Messversuchen und damit der Vorbereitungsaufwand steigen dabei exponentiell an.

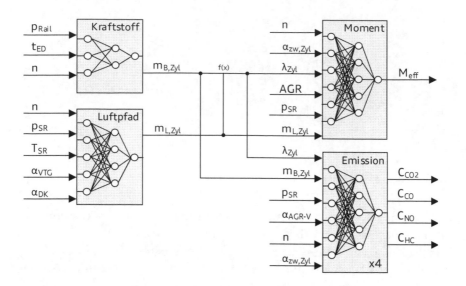

Abbildung 1.4: Mathematisches Motormodell (Black-Box-Modell)

Der Prozess der experimentellen Modellbildung wird in folgende Punkte unterteilt:

1. Festlegen des Raums, in welchem die Parameter variiert werden sollen,
2. Vermessung am Prüfstand,
3. Erstellen einer Testmatrix eines Versuchsplans,
4. Modellieren des Systemverhaltens bzw. der Input-Output-Beziehung,
5. Optimieren der Parameter.

Polynomiale Optimierung

Eine mögliche Lösung für die Approximation eines nichtlinearen Systemverhaltens bietet die Verwendung von Polynomen. Dieses Verfahren ist im Verbrennungsmotorenbereich etabliert und in vielen Simulations-Tools verfügbar.

In der Literatur lassen sich dafür unterschiedliche Ansätze finden. Einer der gebräuchlichsten Ansätze ist die Entwicklung einer Taylorreihe mit einer beliebig hohen Ordnung, die je nach Bedarf an Abbildungsgenauigkeit individuell

Gleichung 1.36 gibt die Gleichung für eine beliebige Dimensionen mit p Eingangsgrößen. Die Anzahl der Einzelterme und damit auch die Komplexität des Polynoms steigen mit der Anzahl an unbekannten Koeffizienten an. Dabei kann für die Ausgangsgröße Y bei einem Eingangsparameter x_i je nach Wahl eine lineare, quadratische, oder kubische Abhängigkeit sowie die einer beliebigen Ordnung einfließen. Die Anzahl der Terme im Modell entspricht der Anzahl der unbekannten Koeffizienten b welche mit der Formel 1.36 ermittelt werden können. Da Polynome linear in den Parametern sind, kann für eine Schätzung der Koeffizienten b auf lineare Optimierungsverfahren zurückgegriffen werden.

$$Y = b_0 + \underbrace{\sum_{i=1}^{p} b_i \cdot x_i}_{\text{linear}} + \underbrace{\sum_{i=1}^{p} \sum_{j=i}^{p} b_{ij} \cdot x_i \cdot x_j}_{\text{quadratisch}} + \underbrace{\sum_{i=1}^{p} \sum_{j=i}^{p} \sum_{k=j}^{p} b_{ijk} \cdot x_i \cdot x_j \cdot x_k \quad \dots}_{\text{kubisch}} \qquad \text{Gl. 1.36}$$

Der Vorteil von Polynomverfahren liegt in der einfachen und schnellen Handhabbarkeit. Zu den Nachteilen zählen eine begrenzte Flexibilität und die Gefahr einer Überanpassung. Diese macht sich vor allem dann bemerkbar, wenn die Qualität eines Modells mit Daten getestet wird, die an der Modellierung nicht beteiligt sind. [8]

Künstliche Neuronale Netze

Künstliche neuronale Netze dienen zur Abstraktion von Informationsverarbeitungsprozessen nach Vorbild biologischer neuronaler Netze.

In Abbildung 1.5 ist der Aufbau eines neuronalen Netzes präsentiert. Die Netztopologie besteht im Allgemeinen aus einer Eingangsebene, einer verdeckten Ebene, in der Basisfunktionen bzw. Neuronen die Eingänge verarbeiten, und einer Ausgangsebene. Die an einem Neuron ankommenden Eingangssignale werden mit Vektoren v_i gewichtet und aufsummiert. Nach Überschreiten eines erforderlichen Schwellenwertes erfolgt die Signalweitergabe, diese wird mit skalaren Faktoren f_i gewichtet, um die Einflussstärke des jeweiligen Neurons auf den Gesamtmodellausgang zu quantifizieren.

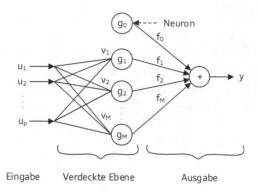

Eingabe   Verdeckte Ebene   Ausgabe

Abbildung 1.5: Aufbau eines neuronalen Netzes [8]

Mathematisch lassen sich allgemein neuronale Netze durch Gl. 1.37 beschreiben.

$$y(\underline{u}) = f_0 + \sum_{i=1}^{M} f_i g_i(\underline{u}, \underline{v_i}) \qquad \text{Gl. 1.37}$$

Die Gewichtungsfaktoren der verdeckten Ebene sowie die der Ausgangsschicht stellen die Modellparameter dar, wobei $\underline{u}$ den Eingangsdatenvektor und $\underline{v}$ den Gewichtungsvektor darstellt. Ein Neuron i der verdeckten Schicht bildet einen $(M + 1)$-dimensionalen Vektor $\underline{u} = [1, u_1, u_2, \cdots, u_p]^T$ zusammen mit $\underline{v_i} = [v_{i0}, v_{i1}, \cdots, v_{iM}]^T$ auf einen Skalar s_i ab, der mittels der Basis- bzw. Aktivierungsfunktion g auf einen Ausgang nichtlinear transformiert wird. Der Konstruktionsmechanismus soll am Beispiel der mehrschichtigen Perzeptronennetze verdeutlicht werden.

MLP-Netze verwenden zur Bildung der sog. Aktivität s_i das Skalarprodukt nach Gl. 1.38. Das Neuron i, in dieser Konstruktion Perzeptron genannt, verwendet logistische Sigmoide als Basisfunktion, das in Gl. 1.39 dargestellt ist.

$$s_i = \underline{u} \cdot \underline{v_i} = v_{i0} + u_1 v_{i1} + u_2 v_{i2} + \ldots + u_p v_{iM} \qquad \text{Gl. 1.38}$$

$$g_i(\underline{u_i}, \underline{v_i}) = \frac{1}{1 + e^{(-s_i)}} \qquad \text{Gl. 1.39}$$

Künstliche neuronale Netze sind prinzipiell in der Lage, komplexe Zusammenhänge intelligent abzubilden. Durch die Verwendung effizienter Optimierungsverfahren ist ein gutes Konvergenzverhalten schnell zu erzielen. Ein großer Nachteil dieses empirischen Modellansatzes besteht jedoch in der sehr hohen Anzahl benötigter Trainings- und Validierungsdaten. [8,9]

Lineare Optimierung

Neben dem Polynomverfahren und dem der neuronalen Netze gibt es ein weiteres, das auf Gaußprozessen basiert. Damit ist die Abbildung komplexer und beliebiger Zusammenhänge mit einer hohen Robustheit gegenüber Messausreißern möglich.

Über Gaußfunktionen besteht die Möglichkeit, nicht-lineare Zusammenhänge zwischen einem Eingang x und dem Ausgang Y als Summe von N linearen Funktionen $Y_{\mathrm{LLM},i}(x)$ zu approximieren.

$$Y = \sum_{i=1}^{N} Y_{\mathrm{LLM},i}(x) \cdot \Phi_i(x) \qquad \text{Gl. 1.40}$$

Jedes Neuron wird durch ein lokales lineares Modell (LLM) beschrieben. Das Ergebnis eines solchen Modells wird mit der folgenden Gleichung bestimmt:

$$Y_{\mathrm{LLM},i}(x,p) = \sum_{j=1}^{M} b_{ij} \cdot x_j + b_{i0}, \Phi_i(x) = \frac{\mu_i(x)}{\sum_{j=1}^{N} \mu_j(x)} \qquad \text{Gl. 1.41}$$

Der Vektor $x = [x_1, x_2, \ldots, x_M]^T$ besteht aus M Eingängen des Gauß Netzes. Die Komponenten b_{ij} sowie b_{i0} entsprechen den Parametern des LLM für das i-te Netz. Der Ausdruck $\Phi_i(x)$ stellt eine normierte Gaußfunktion dar, welche im Rahmen der Optimierung als Gewichtungsfunktion genutzt wird. Die Position des Funktionsmaximums sowie die Form bzw. Breite der Funktion werden durch σ_{ij} und $\bar{x}_{ij}$ festgelegt, wobei σ_{ij} die jeweilige Standardabweichung und $\bar{x}_{ij}$ den Mittelwert darstellen.

$$\mu_j(x) = \prod_{i=1}^{M} e^{-(x_i - \bar{x}_{ij})^2 / (2\sigma_{ij}^2)} \qquad \text{Gl. 1.42}$$

In Abb. 1.6 wird das Ergebnis einer Regressionsanalyse für das Luftpfadmodul aus Abb. 1.4 vorgestellt. Die modellierte Zylinderluftmasse ist in Abhängigkeit der Eingangsparameter Drehzahl, Saugrohrdruck, Saugrohrtemperatur, VTG Stellung und der Drosselklappenstellung dargestellt.[3] [5, 10]

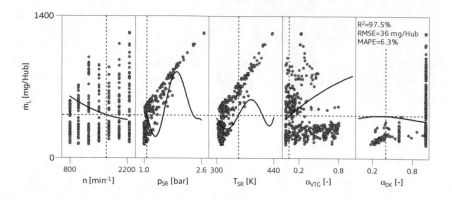

Abbildung 1.6: Ergebnis eines Gauß-Prozesses am Beispiel des Luftpfades

Als Bewertungsgrößen für die Modellqualität werden das Bestimmtheitsmaß R^2, der mittlere, absolute Modellfehler RMSE (Root Mean Square Error) und der mittlere Prozentsatzfehler MAPE (Mean Absolute Percentage Error) herangezogen.

Für n Eingangsbetriebspunkte gibt das Bestimmtheitsmaß das relative Verhältnis der Varianz der Abweichung eines Modells zu der zugehörigen Messung wieder.

$$R^2 = 1 - \frac{\sum_{i=1}^{n}(x_{i,\text{Sim}} - x_{i,\text{Mess}})^2}{\sum_{i=1}^{n}(x_{i,\text{Mess}} - \bar{x}_{i,\text{Mess}})^2} \qquad \text{Gl. 1.43}$$

Das RMSE gibt ein absolutes Maß für die mittlere Abweichungen zwischen einer Modellvorhersage und der dazugehörenden Messung wieder.

$$\text{RMSE} = \sqrt{\frac{1}{n}\sum_{i=1}^{n}(x_{i,\text{Sim}} - x_{i,\text{Mess}})^2} \qquad \text{Gl. 1.44}$$

---

[3] Die verwendeten Trainingsdaten wurden an einem V6-TDI-Gen2evo vermessen (Technische Daten siehe Anhang A.2). Die DoE-Messung basiert auf 400 Betriebspunkten. Dabei wurden die folgenden Eingangsparameter variiert: 1. Motordrehzahl, 2. VTG-Stellung, 3. Raildruck, 4. Einspritzmenge, 5. Einspritztiming. Nähere Details dazu sind im Kapitel 3.2.2, Tabelle 3.2 aufgeführt.

Das MAPE hingegen gibt eine relative, mittlere Abweichung zwischen einer Modellvorhersage und der dazugehörenden Messung wieder. [5]

$$\text{MAPE} = \frac{1}{n} \sum_{i=1}^{n} \left| \frac{x_{i,\text{Sim}} - x_{i,\text{Mess}}}{x_{i,\text{Sim}}} \right| \cdot 100 \qquad \text{Gl. 1.45}$$

1.5 Rechengeschwindigkeit

In den vorherigen Kapiteln wurden die gebräuchlichen Berechnungsmethoden für die Luftpfadströmung vorgestellt, die in der Motorprozessrechnung zur Anwendung kommen. Ausgehend von der 3D-CFD, über die 1D, bis hin zur 0D, die wiederum unterteilt wird in Füll- und Entleermodelle, Mittelwertmodelle und mathematische Modelle, wurden alle Methoden systematisch entsprechend eines abnehmenden Detaillierungsgrads und somit einer höher werdenden Rechengeschwindigkeit aufgelistet.

Die Rechengeschwindigkeit ist weitestgehend von der Komplexität eines Modells abhängig also von der Anzahl an Rechenoperationen, die innerhalb eines Zeitschritts gelöst werden müssen. In der 1D-Simulation spricht man von einer sogenannten **Diskretisierungsweite**, die den örtlichen Abstand zwischen zwei aufeinanderfolgenden **Rechenknoten** definiert. Sowohl die **Zeitschrittweite**, die den zeitlichen Abstand zweier aufeinanderfolgender Rechnungen definiert, als auch die Diskretisierungsweite sollten stets klein genug gewählt werden, um einerseits notwendige Effekte im Detail abbilden zu können und um andererseits eine Konvergenz der Rechnung zu erzielen.

Über das sogenannte *Courant-Friedrichs-Levy*-Stabilitätskriterium stehen diese in folgendem formelmäßigen Zusammenhang:

$$\Delta t \leq \frac{\Delta x}{(|u| + a)} \qquad \text{Gl. 1.46}$$

Die Zeitschrittweite Δt wird berechnet durch das Verhältnis vom zurückgelegten Strömungsweg Δx und der Summe vom Betrag der Strömungsgeschwindigkeit $|u|$ und der Schallgeschwindigkeit a. [2]

Wird die Zeitschrittweite von dieser Bedingung entkoppelt und zu groß gewählt, können unter Umständen lokale Strömungsphänomene nicht erfasst werren Simulationsdauer. Beide Schrittweiten können im Rahmen einer 1D-Modellierung in der Regel vom Anwender vorgenommen werden. Bei einer 0D-Modellierung entfällt die Diskretisierungsweite auf Grund einer nicht vorhandenen örtlichen Auflösbarkeit. Dort ist einzig die Zeitschrittweite maßgebend für die Rechengeschwindigkeit eines Modells. Abb. 1.7 gibt am Beispiel eines Rohrausschnitts für die 1D-Berechnung eine Übersicht aller relevanten Definitionen.

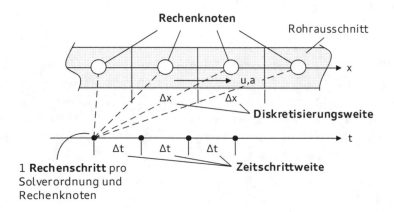

Abbildung 1.7: Schematische Darstellung der 1D-Berechnung am Rohrausschnitt

Für die numerische Lösung von Differentialgleichungssystemen werden sogenannte „Solver", auch Integratoren genannt, benötigt. Abhängig von der Art und Komplexität des Gleichungssystems werden unterschiedliche Solver-Typen verwendet. Grundsätzlich wird unterschieden zwischen gewöhnlichen Differentialgleichungen, auch „ordinary differential equations" (ODE) genannt, und partiellen Differentialgleichungen, auch „partially differential equations" (PDE) genannt. Gewöhnliche DGL finden ihre Anwendung, wenn eine gesuchte Funktion ausschließlich von der Ableitung einer einzigen Variable abhängt. Im Gebiet der Luftpfadsimulation (0D, 1D, 3D) sind thermodynamische Zustandsgrößen hingegen Funktionen der Zeit und der örtlichen Koordinate(n) (1D, 3D) aber auch von anderen Zustandsgrößen und werden daher mit partiellen DGLs gelöst. [3]

1.5.1 Ordnung/Stabilität

Die Ordnung eines Solvers gibt das Maß für seine Genauigkeit. Sie definiert die Anzahl an Rechenschritten, die zu jedem Zeitschritt und an jedem Rechenknoten für eine Approximation durchgeführt werden (vgl. Abb. 1.7). Für einen festgelegten Rechenschritt gilt das Verhalten eines Solvers als stabil, wenn die Lösung des DGL-Systems innerhalb bestimmter Grenzen bleibt. Bessere Stabilitätseigenschaften gehen allerdings nicht zwangsläufig mit einer höheren Genauigkeit einher.

Im Allgemeinen wird unterschieden zwischen expliziten und impliziten Solvern. Die Wahl des Solvers ist dabei von den Eigenschaften des abzubildenden Systems abhängig. Beide Solver-Typen weisen individuelle Vor- und Nachteile auf.

Das Maß dafür, wie stark sich die einzelnen Zeitskalen der physikalischen Vorgänge unterscheiden, die mithilfe des Modells beschrieben werden, wird als „Steifheit" bezeichnet. Nach [1] weist ein steifes System ein breites Spektrum unterschiedlicher Zeitskalen auf, während ein nicht-steifes System Vorgänge sehr ähnlicher Frequenzen aufweist.

1.5.2 Explizite Solver

Explizite Solver basieren auf der Berechnung von linearen, algebraischen Gleichungen. Sie lösen das vorhandene DGL-System explizit, also ausgehend von den Werten der Zustandsgrößen im vorangehenden Zeitschritt. Sie haben den Vorteil einer geringen Rechendauer pro Zeitschritt und eignen sich besonders gut für nicht-steife Systeme, d. h. für Systeme, deren Vorgänge gesamtheitlich ähnliche Zeitskalen und somit Frequenzen aufweisen. Ein Beispiel für einen expliziten Solver ist das Explizit-Runge-Kutta-Verfahren 5. Ordnung:

$$y_{n+1} = y_n + \Delta t \cdot \sum_{i=1}^{6} b_i k_i \quad mit \quad k_i = f(t_n + c_i \cdot \Delta t, \ y_n + \Delta t \cdot \sum_{j=1}^{i-1} a_{ij} k_j) \quad \text{Gl. 1.47}$$

Der Zeitschritt Δt beschreibt die Differenz der Zeitschritte t_{n+1} und t_n, die Koeffizienten a_{ij}, b_i und c_i sind Parameter des Runge-Kutta-Verfahren.

Auf Grund der 5 Iterationen und dem damit einhergehenden höheren Rechenaufwand, werden für zeitsparende Rechnungen auch Verfahren mit niedrigeren Ordnungen eingesetzt (Vergl. Runge-Kutta 4. Ordnung, Runge-Kutta 2. Ordnung, Euler 2. Ordnung etc.). Ein Solver mit einer geringeren Ordnung veranlasst eine Rechnung mit einer geringeren Anzahl an Rechenschritten pro Rechenknoten und Zeitschrittweite (vgl. Abb. 1.7). [11]

1.5.3 Implizite Solver

Implizite Solver basieren auf der iterativen Berechnung von nicht-linearen, algebraischen Gleichungen. Dies bedeutet, dass zu berechnende Größen in der Berechnungsgleichung selbst enthalten sind und damit nicht explizit bestimmt werden können. Beim Einsatz von impliziten Solvern muss deshalb ein „Überwachungskriterium" angewendet werden, das der Genauigkeitsbewertung des aktuellen Zeitschritts dient. Sehr häufig wird dafür die Differenz der Lösungen von zwei aufeinanderfolgenden Iterationsschritten verwendet. Unterschreitet diese Abweichung einen festgelegten Wert, so gilt die Berechnung als hinreichend genau, sodass der darauffolgende Zeitschritt berechnet werden kann. Je nachdem wie klein diese Differenz gewählt wird, variiert auch die Rechendauer von Zeitschritt zu Zeitschritt. Bei steifen Systemen werden i.A. implizite Solver verwendet, da diese deutlich größere Rechenschrittweiten ermöglichen, ohne dass die Stabilität beeinflusst wird. Dabei werden für jeden Rechenschritt alle Rechenknoten zeitgleich berechnet, die Wahl des Zeitschritts kann frei definiert werden.

Exemplarisch soll hier die Berechnungsgleichung des impliziten Trapezoid-Solvers 2. Ordnung dargestellt werden. Für die Systemantwort wird Gl. 1.48 verwendet. Anschließend erfolgt die Berechnung von Gl. 1.49. Durch die Differenz zur ersten Gleichung wird ein Fehler und somit ein Überwachungskriterium generiert. Auf Basis dieses Fehlers werden die Randbedingungen für die darauffolgende Iteration vorgegeben. [11]

$$y_{n+1} = y_n + \frac{\Delta t}{2} \cdot (f(t_n, y_n) + f(t_{n+1}, y_{n+1})) \qquad \text{Gl. 1.48}$$

$$y_{n+1} = y_n + \frac{\Delta t}{2} \cdot f(t_n + \frac{\Delta t}{2}, \frac{1}{2}(y_{n+1}, y_{n+1})) \qquad \text{Gl. 1.49}$$

1.6 Benchmark

Seit Anfang der siebziger Jahre und dem ersten Einsatz von privaten Desktop-Rechnern auf dem Markt, wurde die Prozessortechnologie bis heute nachhaltig weiterentwickelt. Abb. 1.8 stellt ihre Entwicklung für die Produkte der weltmarktführenden Hersteller *Intel* und *AMD*, sowie dem zeitweise mit konkurrierendem Hersteller *Cyrix* chronologisch seit der Markteinführung bis heute dar.

Bis zum Ende der achtziger Jahre basierten Prozessoren auf der Mikrotechnologie, die bis ins Jahr 1990 mit exponentiellem Anstieg weiterentwickelt wurden. Von dort an wurde die Nanotechnologie eingeführt und eingesetzt, die bis Anfang der 2000er verhalf, die Prozessorleistung weiterhin mit exponentiellem Anstieg zu verbessern. In den letzten 15 Jahren ist die Steigerungsrate jedoch deutlich zurückgegangen. Dies lässt darauf schließen, dass auf Basis der Nanotechnologie das Potential weitestgehend erschöpft ist. Für eine weitere Erhöhung der Prozessorleistung werden seit 2002 Multiprozessoren eingesetzt, die durch ein sogenanntes „parallel processing" die Gesamtleistung vervielfachen können. [12, 13]

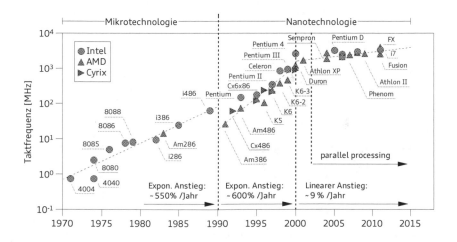

Abbildung 1.8: Geschichte der Prozessorentwicklung für Desktop Rechner (Einzelprozessor)

Im Rahmen eines Geschwindigkeits-Benchmarks am V6-TDI, sind ausgehend von einem detaillierten 1D-Strömungsmodell mit quasidimensionaler Verbrennungsberechnung nach [14] durch sukzessive Modellvereinfachung verschiedene, gebräuchliche Modelldetaillierungsgrade erzeugt und in Abb. 1.9 zusammengeführt worden. Jedes Modell wird hier unterteilt in sein Strömungs- und Verbrennungsmodell, sodass individuelle Potentiale daraus ersichtlich werden. Die Master/Slave-Variante stellt eine in der 1D-Strömungssimulation gängige Methode der Verbrennungsmodellierung dar, die ermöglicht, gegenüber einer konventionellen Methode an Rechenlast einzusparen. Dabei werden ein oder mehrere Master-Zylinder definiert, für die der Hochdruckprozess berechnet wird. Die weiteren Zylinder (Slave-Zylinder) werden vereinfacht abgebildet, indem der Verlauf des Polytropenexponenten der Master-Zylinder gemeinsam mit den Randbedingungen der Slave-Zylinder zu einem Brennverlauf abgeschätzt werden. Bei abweichenden Spitzendrücken werden die Wandwärmeverluste der Master-Zylinder für die Slave-Zylinder skaliert [14].

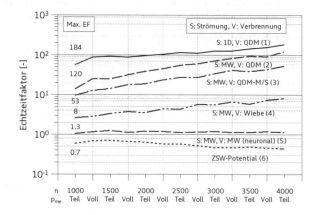

Abbildung 1.9: Absolute Rechengeschwindigkeit unterschiedlicher Modell-Detaillierungsgrade (Prozessor: i7-2.80 Ghz) QDM: Quasidimensional, MW: Mittelwert, M/S: Master/Slave, EBV: Ersatzbrennverlauf, ZSW: Zeitschrittweite

Der maximale Echtzeitfaktor (EF) für das Ausgangsmodell beträgt 184 bei maximaler Drehzahl und hoher Last. Von oben gesehen wird bei den ersten fünf Varianten die Zeitschrittweite über die *Courrant*-Zahl herangezogen (vgl. Kapitel 1.5). In der letzten Variante wird die *Courrant*-Zeitschrittweite soweit erhöht, dass eine Rechnung gerade noch stabil und mit gleichbleibender Ergebnisgüte durchgeführt werden kann. Die Variante wird hier als Zeitschrittweite-

(ZSW-) Potential bezeichnet und stellt damit hinsichtlich der Rechengeschwindigkeit die schnellstmögliche aller hier vorgestellten Varianten dar.

Eine Darstellung eines absoluten Echtzeitfaktors verbirgt die Abhängigkeit der entsprechenden Prozessorleistung des Rechnersystems, mit dem das Benchmark durchgeführt wurde. Für eine übersichtlichere Bewertungsmöglichkeit sind die Ergebnisse der Varianten daher ebenfalls anteilig ihrer Geschwindigkeitspotentiale in Abb. 1.10 dargestellt. Dadurch erhält die Darstellung einen allgemeingültigen Charakter, da sie unabhängig von der verwendeten Prozessorleistung ist.

Der Bezugspunkt von 100 % ist von der Variante definiert, die bezüglich ihrer Rechengeschwindigkeit die obere Grenze markiert (Strömung: 1D, Verbrennung: QDM). Auffällig ist, dass für die Strömungsberechnung ein Mittelwertmodell (2) gegenüber einer 1D-Rechnung (1) vorwiegend bei niedriger Drehzahl und Last mit ca. 75 % ein höheres Geschwindigkeits-Potential erbringt, Bei hoher Drehzahl und Last hingegen etwa nur 35 %.

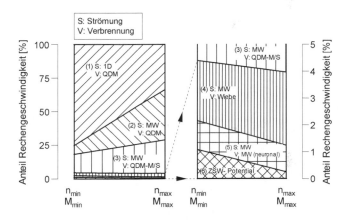

Abbildung 1.10: Relative Rechengeschwindigkeit unterschiedlicher Modell-Detaillierungsgrade QDM: Quasidimensional, MW: Mittelwert, M/S: Master/Slave, EBV: Ersatzbrennverlauf, ZSW: Zeitschrittweite

Die nachfolgenden Varianten (2) - (5), die sich nur in der Ebene der Verbrennungsmodelle voneinander unterscheiden, bringen im Vergleich vor allem große Geschwindigkeitspotentiale bei höherer Drehzahl und Last. Variante (5) zeigt, dass eine Verbrennungsberechnung mit neuronaler Modellierung gegenüber einer quasidimensionalen Verbrennung (2) bei niedriger Drehzahl und

Last weitere 23 % an Potential hervorbringt - bei hoher Drehzahl und Last sogar weitere 62 %.

Ein erster Blick auf die absoluten Skalen (Abb. 1.9) und dem tendenziellen Wachstumsrückgang der Prozessorleistungen, lassen bei einer Extrapolation darauf schließen, dass in den kommenden Jahrzehnten eine Echtzeitsimulation von 1D-Strömungsmodellen nicht möglich sein wird. Daraus geht hervor, dass es zukunftsweisender ist, alternative Simulationsmethoden zu entwerfen, um den derzeitigen Stand zu erweitert, um an qualitativ hochwertigere Aussagen zu gelangen. Gerade hinsichtlich des immer geringer ausfallenden Optimierungspotentials des konventionellen Verbrennungsmotors, helfen hochwertigere Simulationsmethoden mehr Raum für Optimierungsmöglichkeiten zu schaffen, um daraus weitere Potentiale zu lokalisieren.

2 Fourier-Synthese am Verbrennungsmotor

2.1 Grundlagen der Fourier-Synthese

Nach dem Fourier-Theorem lässt sich ein periodisches Signal $f(t)$ mit der Periodendauer T durch einen Gleichanteil und einer unendlichen Summe harmonischer Signale $h_i(t)$ mit unterschiedlichen Kreisfrequenzen ω_i darstellen, die sich in ihren Amplituden c_i und Phasen φ_i unterscheiden. Die Kreisfrequenzen der Unterschwingungen bilden jeweils Vielfache der Grundkreisfrequenz $\omega_0 = \frac{2\pi}{T}$. Für speziell periodische Funktionen ist die Summendarstellung, die auch als trigonometrische Reihe oder Fourier-Reihe bezeichnet wird, folgendermaßen darstellbar: Nach dem Fourier-Theorem lässt sich ein periodisches Signal $f(t)$ mit der Periodendauer T durch einen Gleichanteil und einer unendlichen Summe harmonischer Signale $h_i(t)$ mit unterschiedlichen Kreisfrequenzen ω_i darstellen, die sich in ihren Amplituden c_i und Phasen φ_i unterscheiden. Die Kreisfrequenzen der Unterschwingungen bilden jeweils Vielfache der Grundkreisfrequenz $\omega_0 = \frac{2\pi}{T}$. Für speziell periodische Funktionen ist die Summendarstellung, die auch als trigonometrische Reihe oder Fourier-Reihe bezeichnet wird, folgendermaßen darstellbar:

$$f(t) = c_0 + \sum_{i=1}^{\infty} [a_i \cos(i\omega_0 \cdot t) + b_i \sin(i\omega_0 \cdot t)] \qquad \text{Gl. 2.1}$$

Die Größen c_0, a_i und b_i werden als Fourier-Koeffizienten bezeichnet. c_0 stellt den Mittelwert (Gleichanteil) des Signals $f(t)$ dar. Steht $f(t)$ z. B. für einen zeitlich oszillierenden Druck $p(t)$, entspricht c_0 dem mittleren Wert des Drucksignals. Die Darstellung der Fourier-Reihe lässt sich vereinfachen, wenn man folgenden Zusammenhang benutzt:

$$a_i \cos(i\omega_0 t) + b_i \sin(i\omega_0 \cdot t) = c_i \cos(i\omega_0 t + \varphi_i) \qquad \text{Gl. 2.2}$$

mit

$$c_i = \sqrt{a_i^2 + b_i^2} \qquad\qquad \text{Gl. 2.3}$$

und

$$\varphi_i = arctan\left(\frac{a_i}{b_i}\right) \qquad\qquad \text{Gl. 2.4}$$

Damit wird aus Gleichung 2.1 die sogenannte spektrale Darstellung der Fourier-Reihe:

$$f(t) = c_0 + \sum_{i=1}^{\infty} c_i \cos\left(i\omega_0 \cdot t + \varphi_i\right) \qquad\qquad \text{Gl. 2.5}$$

Ein periodisches Signal $f(t)$ kann somit nach einer Fourieranalyse durch die Größen

c_0 :   Gleichanteil (Mittelwert des Signals $f(t)$)
c_i :   Amplitude der Ordnung i
φ_i: Phase der Ordnung i

dargestellt werden. [15]
Für ein periodisches Signal lautet die Hintransformation aus der zeitlichen Darstellung in die spektrale Form in integraler und komplexer Schreibweise wie folgt:

$$F(\omega) = \int_{-\frac{T}{2}}^{\frac{T}{2}} f(t)e^{-i\omega t}\mathrm{d}t \qquad\qquad \text{Gl. 2.6}$$

Die Rücktransformation aus der spektralen in die zeitliche Darstellung lautet:

$$f(t) = \int_{-\frac{T}{2}}^{\frac{T}{2}} f(\omega)e^{+i\omega t}\mathrm{d}\omega \qquad\qquad \text{Gl. 2.7}$$

Die zu transformierende Funktion $f(t)$ ist allerdings häufig nicht bekannt, sondern kann nur zu N diskreten Zeiten mit $t_k = (N - 1) \cdot \Delta t$ abgegriffen werden. Für diesen Fall wird die diskrete Fourier-Transformation (DFT) herangezogen. Diese trifft die Annahme, dass $f(t)$ außerhalb des Intervalls eine periodische Fortsetzung erfährt. Die Fourier-Koeffizienten werden nach Definition folgendermaßen berechnet:

$$F(n) = \frac{1}{N} \sum_{n=0}^{N-1} f_n e^{\frac{-2\pi i}{N}}$$ Gl. 2.8

Mithilfe der inversen diskreten Fourier-Transformation (IDFT) erfolgt die Rücktransformation. Die Überführung aus dem spektralen in den zeitlichen Bereich lautet:

$$f(n) = \frac{1}{N} \sum_{n=0}^{N-1} F_n e^{\frac{+2\pi i}{N}}$$ Gl. 2.9

Ausgehend von *Cooley et al.* wurde ein Algorithmus entwickelt, mit der die Anzahl an komplexen Rechenoperationen zur Berechnung der Spektrallinien der DFT um den Faktor $\frac{N}{\ln N}$ reduziert werden kann [16]. Auf Grund des geringeren Rechenaufwandes und des damit einhergehenden kürzeren Rechenprozesses wird in diesem Zusammenhang die numerisch günstige Ausführungsvorschrift der DFT als schnelle Fourier Transformation (FFT) bezeichnet. [17]

2.2 Untersuchung der Druckpulsationen am V6-TDI

Als Versuchsmotor für die folgenden Untersuchungen wird der V6-TDI-Gen2-evo LK2 herangezogen. Die Bezeichnung steht für die Evolutionsbaureihe der 2. Generation seines Aggregats der zweiten Leistungsklasse (LK). Dieser ist ein moderner, direkt-einspritzender Viertakt-Dieselmotor mit jeweils zwei Ein- und Auslassventilen, einer Common-Rail-Einspritzpumpe, einem Füll- und Drall Zylindereinlass-Konzept und einem einstufigen Abgasturbolader. Technische Daten können der Tabelle A.1 im Anhang entnommen werden.

In einem ersten Schritt werden auf Basis eines abgestimmten, detaillierten 1D-Motormodells die Druckpulsationen im Motorluftpfad untersucht. Dazu werden im Abgaskrümmer direkt hinter dem Luftpfad von Zylinder 1 die Druckpulsation aufgezeichnet und über eine Fourier-Transformation in ihre spektralen Anteile zerlegt. Anschließend werden über die ermittelten Fourier-Koeffizienten (Ordnungs-, Phasen-, und Amplitudeninformation) die harmonischen Signale über eine Inverse Fourier Transformation (IDFT) wieder überlagert.

In Abb. 2.1 ist das Ergebnis des IDFTs dargestellt. In der linken Spalte sind von oben, beginnend mit dem mittleren Druck, die einzelnen harmonischen

Signale der Amplitudenhöhe nach aufgelistet. In der rechten Spalte sind die Pulsationen der jeweiligen Fourier-Ordnungen auf den mittleren Druck hinzuaddiert. Die wichtigste Ordnung beim 6-Zylindermotor ist die 3. Ordnung und dies aufgrund von drei Verbrennungen, die pro Motorumdrehung stattfinden und dabei durch einen Druckstoß einen Puls erzeugen. Die Addition der 3. Ordnung allein erbringt allerdings nur ein Bestimmtheitsmaß von $R^2 = 36\,\%$. Mit jeder zusätzlichen Addition eines harmonischen Signals kann die Originalpulsation des Auslassdrucks genauer abgebildet werden. Mit bereits fünf Ordnungen wird hier der Auslassdruck mit einer Güte von $R^2 = 97\,\%$ dargestellt.

Für die Anwendung der Fourier-Synthese muss eine volle Periode mit einem Winkel von $360\,°$ definiert sein. Für die 4-Takt-spezifische Motoranwendung, bei der sich das Arbeitsspiel zusammensetzt aus zwei Kurbelwellenumdrehungen, würde eine Definition eines gesamten Arbeitsspiels auf $360\,°$ zu Verwirrungen führen. Stattdessen werden für einen handlicheren Gebrauch alle Ordnungen halbiert und somit in 0.5-Schritten ausgegeben.

Die Druckpulsationen im Motorluftpfad nehmen einen entscheidenden Einfluss auf den Ladungswechsel und damit auf die Verbrennung. Des Weiteren zeigt die Turbine durch eine pulsierende Druckbeaufschlagung ein differentes Verhalten statt bei konstant anliegendem Druck. Um diese relevanten Effekte abzubilden, werden vier Stützstellen definiert, an denen eine Darstellung des pulsierenden Drucks hinsichtlich realistischer Aussagen Vorteile erbringt.

Die Stützstellen „vor Zylinder" und „nach Zylinder" sorgen für einen korrekt abgebildeten Zylinder-Ladungswechsel und damit für die Möglichkeit einer Abbildung der Verbrennung mit Hilfe von bekannten Verbrennungsmodellen. Die Stützstellen „vor Verdichter" und „vor Turbine" sorgen einerseits für eine korrekte strömungsmechanische Balance des Turboladers zur Berechnung der Turbinendrehzahl, andererseits für eine korrekte, pulsierende Druckbeaufschlagung des Verdichters und der Turbine.

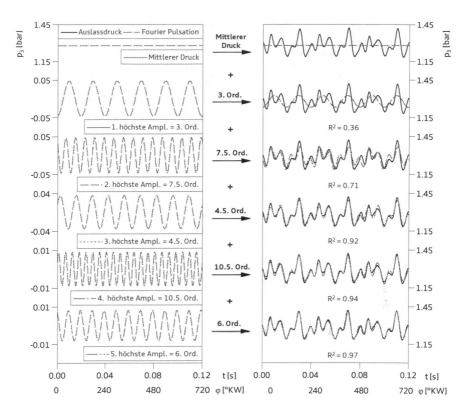

Abbildung 2.1: IDFT am Zylinderauslass ($n = 1000\,\text{min}^{-1}$, $p_{\text{mi}} = 3.9\,\text{bar}$)

Anhand von vier ausgewählten Betriebspunkten gibt Abb. 2.2 einen Überblick, wie sich das Gütekriterium R^2 zur Anzahl an aufsummierten Unterschwingungen verhält. Dazu werden die definierten Stützstellen dargestellt.

Aus der Abbildung geht hervor, dass die benötigte Anzahl an Ordnungen für eine bestimmte Abbildungsgüte der Druckpulsationen für unterschiedliche Stützstellen nicht identisch ist. Auffällig ist die Stützstelle „Vor Zylinder", wofür mehr Ordnungen benötigt werden, um eine vergleichbare Güte wie an den anderen Stützstellen zu erzielen. Der Grund liegt darin, dass der Druckverlauf im Luftpfad, der durch die Überlagerung von voreilendem und zurückeilendem Druckpuls entsteht, stark von der Luftpfadgeometrie abhängt. Ein langer Ansaugluftpfad, Rohrverzweigungen, Ladeluftkühler, Drall- und Füllbehälter verursachen viele Reflektionen im Ansaugstrang. Im Vergleich dazu sind die Druckpulse an den anderen Stützstellen mit bereits vier der wichtigsten Ordnungen gut reproduzierbar. Zusätzliche Unterschwingungen verbessern die Ergebnisgüte sehr gering.

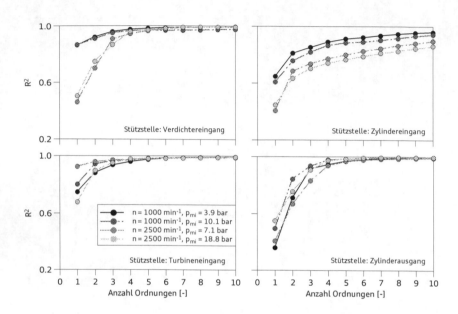

Abbildung 2.2: Gütekriterium vs. Anzahl an Ordnungen für vier definierte Stützstellen

Um den Einfluss der Druckpulsationen gegenüber einem mittleren Druck ohne Pulsationen quantitativ darzustellen, werden folgend einige Untersuchungen vorgestellt. In Abb. 2.3 (oben links) ist die Ladungswechselschleife exemplarisch an einem Betriebspunkt dargestellt. Bei Vorgabe eines mittleren Drucks (vergleichbar mit einem Mittelwertmodell) werden Abweichungen im Zylinderdruck von bis zu 350 mbar während diskreter Zeitpunkte toleriert. Wird sowohl einlass- als auch auslassseitig der anliegende Druck mit fünf Ordnungen beaufschlagt, kann die Ladungswechselschleife bereits sehr gut abgebildet werden.

In Abb. 2.3 (unten links) ist dargestellt, dass für die gewählten Betriebspunkte der Fehler im Luftaufwand mehr als 4 % betragen kann. Für den Betriebspunkt $n = 2500 \, \text{min}^{-1}$, $p_{\text{me}} = 18.8 \, \text{bar}$ ist zu erkennen, dass eine nicht ausreichend genaue Abbildung der Pulsation sogar einen nachteiligen Effekt auf den Ladungswechsel und somit auf den Luftaufwand zur Folge haben kann. Falsche Druckpulse während der Öffnungsphase der Steuerventile verändern prinzipiell die Zylinderfüllung. Mit der Superposition von weiteren Ordnungen kann dieser Fehler sukzessiv reduziert werden. Die Grafik unten rechts zeigt, dass der Fehler im Luftaufwand einen direkten Einfluss auf den maximalen Zylinderdruck während der Verbrennung nimmt. Ein geringerer Zylinder-Spitzendruck hat einen unmittelbaren Effekt auf den Brennverlauf und als weitere Folge einer Fehlerkette einen Einfluss auf das abgegebene Drehmoment an die Kurbelwelle.

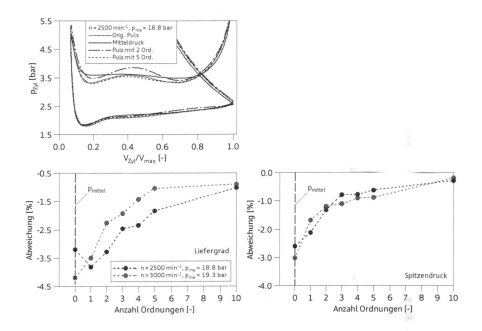

Abbildung 2.3: Untersuchungen der Modellqualität (innermotorisch)

Die gleichen quantitativen Untersuchungen werden auch auf der ATL-Seite durchgeführt. In Abb. 2.4 (oben links) ist der Turbinenwirkungsgrad kurbelwinkelaufgelöst für ein Arbeitsspiel dargestellt. Der Wirkungsgrad des Betriebspunktes $n = 2500\,\mathrm{min}^{-1}$, $p_{me} = 18.8\,\mathrm{bar}$ schwankt dabei im Maximalfall in einem absoluten Bereich von 26 %. Der massengemittelte Wirkungsgrad liegt dabei ca. 3 % unterhalb des zeitlich gemittelten Wirkungsgrades. Daraus wird ersichtlich, dass bei einer Turbinenbeaufschlagung mit einem mittleren Druck der durchgesetzte Massenstrom höher liegt als bei pulsierender Druckbeaufschlagung. Im Turbinenkennfeld (rechts) bedient man sich in der Folge eines

falschen Betriebspunkts. Die Turbine wird in diesem Fall in ihrem Wirkungsgrad und damit in ihrer Leistung überschätzt. Unten links in der Abb. 2.4 ist
auch hier dargestellt, wie der Fehler im Wirkungsgrad mit der hier dargestellten Superposition der Fourier Funktionen mit ausreichend hoher Anzahl an
Ordnungen nahezu eliminiert werden kann [4].

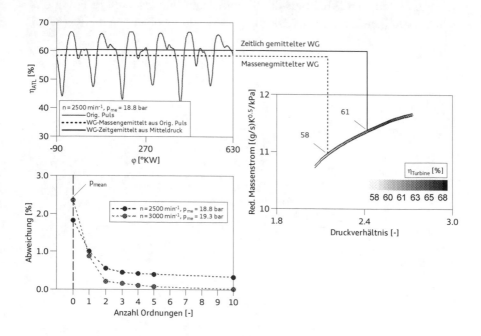

Abbildung 2.4: Untersuchungen der Modellqualität (abgasseitig)

Im Vergleich zum Turbineneinlass sind am Verdichtereinlass die Amplituden
der Druckpulsationen auf Grund von thermodynamischen Zuständen im Bereich von Umgebungsbedingungen sehr moderat. Der Fehler im Verdichter-
wirkungsgrad, der dort infolge einer Vernachlässigung der Druckpulsationen
gemacht wird, ist daher deutlich geringer. Auf eine nähere Darstellung wird
aus diesem Grund an dieser Stelle verzichtet.

2.3 Charakteristik von Druckpulsationen

Grundsätzlich unterscheiden sich Pulse, die im Ansaugströmungspfad des Motors entstehen, von denen auf der Zylinderauslassseite. Für den Dieselmotor werden durch die Steuerorgane am Brennraum beide Seiten voneinander entkoppelt.

Auf der Einlassseite entstehen Druckpulsationen durch den Sog der mechanischen Abwärtsbewegung der Zylinderkolben, während die Einlassventile geöffnet sind. Der Laufweg der Luft aus der Umgebung bis in den Zylinder ist lang, sodass der Druckpuls in seiner Form von verschiedenen Effekten beeinflusst und verändert wird. Durch den Sog der Luft hinweg über den Bauraum des Verdichters, den des Ladeluftkühlers mit vielen, schmalen Kühlrohren, bis hin über den Luftsammler, werden durch Expansions- und Diffusionsvorgänge die Amplituden der Pulsationen durch Reibung gedämpft. Wird der Luftpfad getrennt und an einer späteren Stelle wieder zusammengeführt, so wie es beispielsweise durch getrennte Tangential- und Füllbehälter beim V6-TDI der Fall ist, erfahren die Pulse bei unterschiedlichen Lauflängen eine phasenversetzte Überlagerung. Darüber hinaus wird die Luft über die gesamte Strecke an geometrischen Krümmungen je nach Stärke eines Krümmungswinkels durch Eigenreflexionen überlagert. In der Regel ist der Druckpuls am Zylindereinlass durch alle komplexen Überlagerungsvorgänge nicht ohne Weiteres untersuchbar.

Im Gegensatz dazu werden Druckpulse auf der Zylinderauslassseite durch zwei Effekte erzeugt. Beim Öffnen der Auslasssteuerorgane liegt ein großer Druckgradient zwischen Brennraum und Auslasskrümmer vor, wodurch ein Druckstoß in Strömungsrichtung entsteht. Zudem hilft der Zylinderkolben durch seine Aufwärtsbewegung zusätzlich mechanisch nach. Um Druckpulsationen und ihre gegenseitigen komplexen Überlagerungen innerhalb des Motorluftpfades besser zu verstehen, werden folgend einige Untersuchungen vorgestellt. Diese basieren auf Modellausgangsgrößen, die aus einem 1D-Motormodell errechnet wurden. Abbildung 2.5 zeigt beispielhaft eine Druckpulsation (BP1: $n = 1125\,\text{min}^{-1}$, $p_{mi} = 18.6\,\text{bar}$), die am Auslass von Zylinder 1 abgegriffen ist (siehe rote Sensormarkierung am rechten Bild). Für diesen Betriebspunkt überlagern sich die Pulse vorteilhaft, sodass sich eine nähere Untersuchung anbietet.

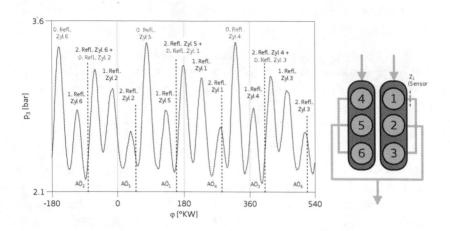

Abbildung 2.5: Reflexionen im Auslasskrümmer ($n = 1125\,\text{min}^{-1}$, $p_{\text{mi}} = 18.6\,\text{bar}$, $T = 890\,\text{K}$) (links), Messstelle am Zylinder 1 (rechts)

Ausgehend vom Zeitpunkt „Auslass öffnet" (Aö) am Zylinder 1, wird durch den Druckstoß im Zylinder unmittelbar danach (bei ca. 180 °KW) an der Mess-stelle ein Druckpeak gemessen (0. Grades). Dieser Druckstoß wandert mit Schallgeschwindigkeit entlang des Motorluftpfades und wird auf der gegen-überliegenden Zylinderbankseite an den geschlossenen Enden des Luftpfades (Zylinderbank (ZB) 2) reflektiert und strömt den Weg wieder zurück zur Mess-stelle, an dem sich erneut ein Peak, ausgehend vom gleichen Druckstoß, ergibt (Reflektion 1. Grades: Zylinder 1 bei ca. 225 °KW). An der geringeren Ampli-tude ist zu erkennen, dass durch Reibung und andere Effekte eine Dämpfung stattgefunden hat. Dieser Puls wird nun am offenen Rohrende (Zylinderkopf 1) reflektiert und durchläuft den Weg von vorn und wird nach der Rückreflexion auf der gegenüberliegenden Zylinderbankseite erneut an der Messstelle emp-fangen (Reflektion 2. Grades: Zylinder 1 bei ca. 280 °KW). Hier wird deutlich, dass die Stärke des Signals noch weiter gedämpft ist - der schwache Druckpuls ist in seiner Form nur zu erkennen, da dieser alleinig vorliegt und nicht etwa von anderen Druckpulsen überlagert wird.

Der Laufweg des Druckpulses von Zylinder 4 (0. Grades) zur Messstelle ist verhältnismäßig lang, sodass dieser an der Messstelle ankommt, nachdem die Reflektionen 1. und 2. Grades von Zylinder 1 bereits gemessen wurden (bei ca. 320 °KW). Die Reflektion 2. Grades von Zylinder 4 hingegen (bei ca. 420 °KW), erreicht auf Grund des längeren Laufweges die Messstelle nicht alleinig, sondern wird vom Druckpuls 0. Grades, ausgehend von Zylinder 3 überlagert. Mit der gleichen Vorgehensweise können alle anderen an der Messstelle aufgezeichneten Druckpulse in Abb. 2.5 nachvollzogen werden.[4]

An einem deutlich niedriglastigeren Betriebspunkt (BP2: $n = 1000 \, \mathrm{min}^{-1}$, $p_{\mathrm{mi}} = 6.9 \, \mathrm{bar}$) soll veranschaulicht werden, inwieweit sich Pulsüberlagerungen infolge einer geringeren Schallgeschwindigkeit verschieben können. Betriebspunkt 2 hat im Vergleich zu Betriebspunkt 1 im Mittel eine um 280 K geringere Abgastemperatur, welches eine geringere Schallausbreitungsgeschwindigkeit von ca. 20 % ausmacht.

Am Beispiel von Zylinder 1 kann der Abbildung 2.6 (links) entnommen werden, wie im Gegensatz zum vorherigen Betriebspunkt, die Reflektion 1. Grades von Zylinder 1 mit der Reflexion 2. Grades von Zylinder 5 zusammenfallen. Es ergeben sich nach diesem Prinzip Pulse, die sich rein aus Überlagerungen zusammensetzen. Weiterhin ist zu erkennen, dass sich die Zeit zum Erreichen eines Pulses an der Messstelle (hinter Zylinder 1) aus der Zündfolge (ZF) des jeweiligen Zylinders im Verhältnis zu Zylinder 1 und der entsprechenden Lauflänge, die der Schall zu überwinden hat, zusammenfügen. Diese beträgt speziell für diesen Betriebspunkt in etwa 33 °KW für Zylinder 5 und 34 °KW für Zylinder 4 und 6. Die Lauflängen können im rechten Bild nachvollzogen werden. Die Zylinderzündfolge für den V6-TDI ist 1-4-3-6-2-5 mit einem Zündabstand von 120 °KW zwischen den jeweiligen Zylindern.

Es kann festgehalten werden, dass sich die Charakteristik des Druckpulses aufgrund der höheren Schallgeschwindigkeit ändert. Durch die Verschiebung der Druckpeaks findet auch hier eine gesamtheitliche, harmonische Überlagerungen der Druckstöße an der Messstelle statt, sodass dieser Betriebspunkt sich für eine Untersuchung anbietet. Die Verschiebung bewirkt, dass keine Druckpeaks 0., 1. oder 2. Grades mehr alleine stehen. Jeder vermessene Druckpeak setzt sich zusammen aus einer Superposition zweier Druckstöße.

---

[4] Zur Vollständigkeit sei hier zu erwähnen, dass ebenfalls Reflexionen der Druckstöße höherer Grade (3., 4., etc.) stattfinden. Diese sind allerdings im Vergleich zu den ersten beiden Reflexionen so sehr geschwächt und von stärkeren Druckpulsen überlagert, sodass sie zumindest optisch voneinander nicht getrennt werden können. Erst eine Aufschlüsselung der Fourier Ordnungen kann ihre Existenz bestätigen.

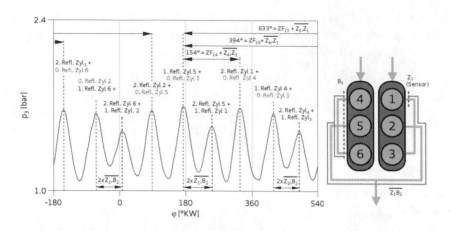

Abbildung 2.6: Reflexion im Auslasskrümmer ($n = 1500\,\mathrm{min}^{-1}$, $p_{\mathrm{mi}} = 6.9\,\mathrm{bar}$, $T = 610\,\mathrm{K}$) (links), Messstelle am Zylinder 1 (rechts)

Zur Vereinfachung der Berechnung des Luftpfades wird im Folgenden eine Methode vorgestellt, die es ermöglicht, durch die Symmetrie[5] der vorherrschenden Druckpulsationen an den Zylindern eine Reduktion der Rechenlast vorzunehmen.

In Abb. 2.7 (oben) sind die Druckpulsationen dargestellt, die jeweils hinter Zylinder 1 bzw. Zylinder 4 abgegriffen sind. Entsprechend der Zündfolge folgt das Ansaugen der Luft von Zylinder 4 um 120 °KW versetzt zu Zylinder 1.

Durch eine Phasenverschiebung des Auslassdruckverlaufs p_3 von Zylinder 1 um die Zündfolge, lässt sich p_3 am Zylinder 4 erzeugen (Abb. 2.7). Leichte Unterschiede in den Druck-Peaks ergeben sich aus den unterschiedlich starken Reflexionen aufgrund schwach abweichender Geometrie der einzelnen Luftpfadstränge. Zudem verhält sich die Verbrennung eines jeden Zylinders leicht unterschiedlich (unterschiedliche Spitzendrücke), was zusätzlich zu schwach abweichenden Druckamplituden führt. Ein Zylinder-individuelles Verhalten (Einspritzzeitpunkt, etc.) ist dabei ebenfalls nicht mehr möglich. Bei Ottomotoren ist durch die fehlende Auflösbarkeit von zyklischen Schwankungen mit stärkeren Abweichungen zu rechnen.

---

[5] Mit dem Begriff „Symmetrie" ist nicht die Luftpfadgeometrie gemeint wie etwa die des Krümmers oder der Ansaugstrecke der unterschiedlichen Zylinderbänke, sondern die Symmetrie der Druckpulsationen am Zylinder.

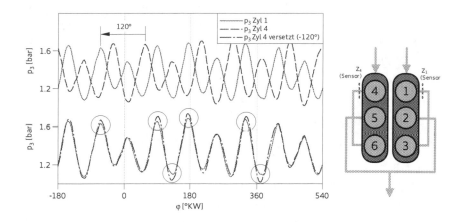

Abbildung 2.7: Verschiebung der Druckpulsation ($n = 1500\,\mathrm{min}^{-1}$, $p_{mi} = 6.9\,\mathrm{bar}$) (links), Messstelle am Zylinder 1 und Zylinder 4 (rechts)

Gleichermaßen verhalten sich sowohl ein- als auch auslassseitig die Druckpulsationen aller anderen Zylinder im Verhältnis zu Zylinder 1. Demnach kann der richtige Auslassdruck hinter jedem einzelnen Zylinder durch eine Phasenverschiebung des Auslassdruckes von Zylinder 1 vereinfacht dargestellt werden.

Dies stellt eine optionale Methode dar und kann zur Bereitstellung zusätzlicher Prozessorkapazitäten hilfreich sein, falls ein höheres Geschwindigkeitspotential des Motormodells erstrebenswert ist.

Um die Berechnung der Druckpulsationen auf Basis von hinterlegten Fourier-Koeffizienten durchzuführen, stellt sich zunächst die Frage, welche charakteristischen Eingangsgrößen heranzuziehen sind, um etwa ein mögliches Kennfeld aufzuspannen. Als Eingangsgröße sei es zunächst denkbar, den effektiven Mitteldruck und die Motordrehzahl heranzuziehen, so wie es in der Motor- und Fahrzeugsimulation oftmals für das Aufspannen eines zweidimensionales Kennfelds Hand gehabt wird. Allerdings wird der Motorluftpfad durch die Steuerorgane am Brennraum getrennt. Auslassseitig treten infolge einer hohen Motorlast erhöhte Temperaturen und erhöhte Drücke im Arbeitsmedium auf, die thermischen Zustände auf der Einlassseite hingegen sind lastunabhängig. Es liegt daher auf der Hand, dass die Motorlast keinen geeigneten Parameter darstellen kann, mit der sämtliche definierten Motorstützstellen, an denen eine

Darstellung der Druckpulsation von Interesse ist, bedient werden können. Vielmehr ist es sinnvoll einen Parameter heranzuziehen, der in die Definition des thermischen Zustandes eines Gases mit einfließt. Nach *Boyle-Mariotte* lautet die universelle Gasgleichung:

$$p = \frac{\mathcal{R}}{M}\rho \cdot T \qquad \text{Gl. 2.10}$$

Dabei steht $\mathcal{R}$ für die universelle Gaskonstante, M für die molare Masse eines Gases, ρ für seine Dichte und T für die absolute Gastemperatur.

Nach Gl. 2.10 ist es sinnvoll den Druck heranzuziehen, da mit Hilfe der Fouriersynthese Druckpulsationen dargestellt werden sollen. Dazu sind in Abb. 2.8 die Abhängigkeiten der Phaseninformation von Drehzahl und vom mittleren Druck für zwei unterschiedliche Stützstellen dargestellt. Um eine Vergleichbarkeit von unterschiedlichen Ordnungen herzustellen, wird die Phase gemäß $\frac{\varphi_i}{i}$ ordnungsspezifisch dargestellt. Somit werden Pulsationen unterschiedlicher Ordnungen, die ein Vielfaches der Grundfrequenz betragen, auf ein gemeinsames, periodisches Zeitfenster $\frac{\omega_i}{i}$ bezogen.

Zu erkennen ist zunächst auf den linken Grafen, dass die Motordrehzahl bei einem konstanten, mittleren Druck einen signifikanten und vor allem gleichmäßigen und stetigen Einfluss auf die Phase hat. Zu höheren Drehzahlen hin steigt die Strömungsgeschwindigkeit des Fluids, dies äußert sich darin, dass lokale Pulse innerhalb einer stehenden Welle sich nach links verschieben. Daher nimmt der Phasenwinkel ab.

Auf der rechten Hälfte in Abb. 2.8 ist die Abhängigkeit der Phase vom mittleren Druck bei konstanter Drehzahl dargestellt. Auf der Verdichterseite ändert sich die Phase für alle Ordnungen über den Druck nur moderat, auf der Zylinderauslassseite im Vergleich sehr stark. Der Grund liegt darin, dass die Druckamplitude sich entsprechend der akustischen Theorie mit Schallgeschwindigkeit durch den Abgaspfad bewegt. Für ein ideales Gas ergibt sich die Schallgeschwindigkeit:

$$a_{\text{s,ig}} = \sqrt{\frac{\kappa \mathcal{R} T}{M}}. \qquad \text{Gl. 2.11}$$

Da die molare Masse M und der Isentropenexponent κ für ein ideales Gas konstant sind, hängt die Schallgeschwindigkeit nur von der Temperatur des Gases ab. Auf der Verdichterseite herrschen moderate Temperaturerhöhungen infolge der Kompression von maximal 60 −80 °C. Die Schallgeschwindigkeit

erhöht sich hierbei nur unerheblich. Die Abgastemperatur auf der Zylinderauslassseite kann allerdings zwischen geschlepptem Betrieb und einem Volllast-
betriebspunkt eine Differenz von bis zu 900 K erreichen, was einen wesentlich
stärkeren Unterschied in der Schallgeschwindigkeit zur Folge hat. Dies ist dar-
an wiederzuerkennen, dass die Phasen einzelner Ordnungen sich zu höheren,
mittleren Drücken ändern (Abb. 2.8 unten rechts).

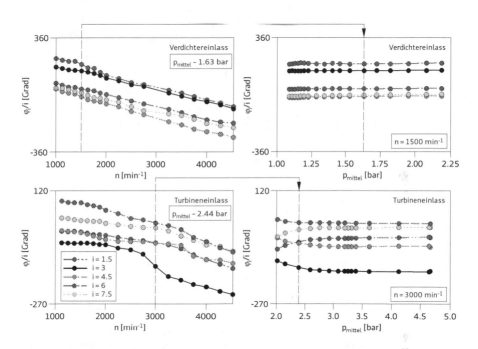

Abbildung 2.8: Abhängigkeit der Phase: von Motordrehzahl (links), vom mittleren
Druck (rechts)

2.4 Ottomotorischer Prozess

Für die Anwendung der FT-Methode auf den ottomotorischen Prozess müssen
zusätzliche Untersuchungen vorgenommen werden. Die für den Ottomotor zusätzliche Variabilität der Steuerorgane und damit der Ventilevents verändern
die Charakteristik der am Zylinder initiierten Druckpulsationen. Einlassseitig
bedeutet dies, dass eine Verschiebung vom Einlassventil (EV)- Event eine Ver-

änderung der Einlassdruckpulsation verursacht, die sich rücklaufend über die gesamte Ansaugstrecke, über den Verdichter (1. FT-Stützstelle), bis hin zum Lufteintritt ausbreitet. Auslassseitig verursacht eine Verschiebung des Auslassventil (AV)- Events eine Veränderung des Auslassdrucks, der sich fortlaufend durch den Auslasskrümmer bis zum Turbineneingang (4. FT-Stützstelle) ausbreitet.

Eine Ventilüberschneidung (Scavenging) stellt zusätzlich einen Sonderfall dar, der nur beim ottomotorischen Prozess Anwendung findet. Durch eine Überschneidung des Ein- und Auslassventils können Druckpulsationen vor und hinter dem Zylinder nicht weiter als abgeschlossene Systeme betrachtet werden. Der Brennraum stellt hierbei ein Verbindungsvolumen dar, innerhalb dessen Grenzen Ein- und Auslassdruck miteinander interagieren. Die folgenden Untersuchungen basieren auf einem aktuellen Audi-V6-TFSI-Motor, dessen technische Daten der Tabelle A.4 im Anhang entnommen werden können.

2.4.1 Ventilverschiebung

Im Folgenden wird beispielhaft am Betriebspunkt $n = 1250\,\text{min}^{-1}$, $p_{me} = 7.5\,\text{bar}$ auf der Auslassseite der Druck bei einer Verschiebung des Auslassventils untersucht. Die Drücke, die hier dargestellt sind, werden wie zuvor hinter Zylinder 1 abgegriffen (vgl. Abb. 2.5-2.7).

Die rote, durchgezogene Druckkurve in Abb. 2.9 ergibt sich bei der Ausgangsstellung des Auslass-Ventilhubs. In einer ersten Untersuchung wird zunächst nur am Zylinder 1 das Auslass-Event, ausgehend von seiner Ausgangsstellung um +40 °KW verschoben. Die blaue, punktierte Drucklinie ergibt sich als Folge der AV-Verschiebung. Wie deutlich zu erkennen ist, werden vorher überlagerte Druckpulsationen durch die AV-Verschiebung voneinander gelöst und in ihre Einzelkomponenten unterteilt. Im linken Bereich ist dargestellt, wie der überlagerte Druckpuls (Zylinder 5: Reflexion 1. Grades und Zylinder 1: Reflexion 0. Grades) gespalten wird. Der Druckstoß der Reflexion 1. Grades von Zylinder 5 bleibt nach wie vor an seiner Ausgangsposition, da dieser noch immer zum gleichen Zeitpunkt stattfindet. Der Druckstoß 0. Grades von Zylinder 1 hingegen erfolgt entsprechend der AV-Verschiebung um 40 °KW später.

Gemäß dieser Vorgehensweise können auch die anderen Spaltungen der Druckpulse (Zylinder 5: Reflexion 2. Grades, Zylinder 1: Reflexion 1. Grades und Zylinder 4: Reflexion 0. Grades, Zylinder 1: Reflexion 2. Grades) interpre tiert werden. Zur besseren Veranschaulichung sind dafür die Reflexionen der 2. Grade für Zylinder 5 und Zylinder 1 in gestrichelter Linie angedeutet, da diese andernfalls auf Grund ihrer Überlagerung nicht erkennbar sind.

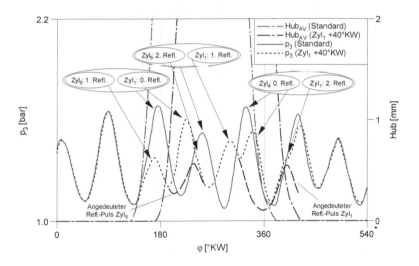

Abbildung 2.9: Einfluss der Auslasssteuerzeit auf den Auslassdruck

Um die Charakteristik des sich neu ergebenden Auslassdruckes genauer zu verstehen, bietet es sich an, eine Untersuchung seiner spektralen Darstellung vorzunehmen. In Abb. 2.10 sind diese sowohl für die Ausgangsstellung, als auch für die Variante mit Verschiebung des Ventilöffnungs-Zeitpunktes gegenübergestellt, die über eine Fourier-Transformation ermittelt wurden. Neben den zwei wichtigsten Ordnungen (Eigenfrequenz: 3. Ordnung und 4.5. Ordnung), die für beide Varianten eine übergeordnete Rolle spielen, scheinen alle anderen hier dargestellten Ordnungen nicht im gegenseitigen Konsens zu stehen. Ein erheblicher Unterschied lässt sich für die Ordnungen 5 und 5.5 feststellen. Dort treten für die Variante mit der verschobenen AV-Steuerzeit Amplituden hervor, die in der Ausgangsfunktion eine untergeordnete Priorität besitzen. Demnach sind vor allem diese zwei Ordnungen zurückzuführen auf die voneinander getrennten Druckpulse von Zylinder 1, die in Abb. 2.9 diskutiert wurden. Zusammenfassend lässt sich erklären, dass durch die AV-Verschiebung von Zylinder 1 die Charakteristik des Druckpulses verändert wird und diese mit den Fourier-Koeffizienten aus dem zuvor ermittelten Betriebspunkt bei Standardbedingungen durch eine etwaige Skalierung nicht darstellbar ist.

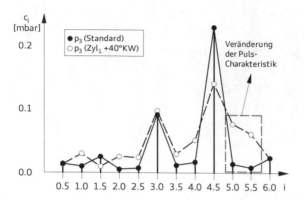

Abbildung 2.10: Spektrale Veränderung des Auslassdrucks bei AV-Verschiebung
von Zylinder 1 (AS +40 °KW)

In einem weiteren Versuch werden an allen Zylindern die AV-Steuerzeiten
gleichsam ausgehend von ihrer Basisstellung um +40 °KW verschoben. Die
Ausgangsdruckpulsation, die sich dabei ergibt, wird erneut für eine Untersuchung seiner spektralen Anteile einer Fourier Transformation unterzogen. Die
Ergebnisse dafür sind in Abb. 2.11 dargestellt.

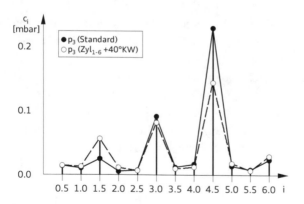

Abbildung 2.11: Spektrale Veränderung des Auslassdrucks bei AV-Verschiebung
von Zylinder 1-6 (AS +40 °KW)

Anders als zuvor ist erkennbar, dass die Charakteristik des sich ergebenden
Druckpulses bis auf leichte Veränderungen in einigen, wenigen Amplituden-
stärken nahezu identisch bleibt.

Um mehr über die Charakteristik dieser beider Druckpulsationen zu erfahren, sind für die Ordnungen (0.5 - 6.0) in Abb. 2.12 die ordnungsspezifischen Differenzen der Phasen-Koeffizienten $\frac{\varphi_{i,Basis} - \varphi_{i,AV+40\,°KW}}{i} = \frac{\Delta\varphi_i}{i}$ dargestellt. Greift man aus Abb. 2.10 die pulsationsbildenden[6] Ordnungen (hier: 1.5, 3, 4.5) heraus, so liegt $\frac{\Delta\varphi_n}{i}$ bei allen drei Ordnungen annähernd bei der AV-Verschiebung von $-40\,°KW$.

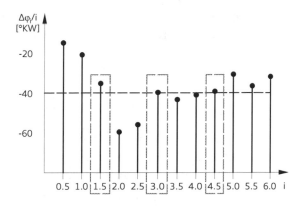

Abbildung 2.12: Veränderung der Phasen-Koeffizienten bei AV-Verschiebung von Zylinder 1-6 (AS +40 °KW)

Durch die Ähnlichkeit der spektralen Darstellung $F(\omega)$ ist somit sichergestellt, dass auch die Zeitfunktion $f(t)$ nahezu identisch sein muss. Somit ist es zielführend bei einer Ventil-Verschiebung, sofern sie an allen Zylindern vorgenommen wird, alle Phasen-Koeffizienten der entsprechenden Ordnungen um den gleichen Winkel zu verschieben. Die Korrelation kann für die zeitliche Darstellung folgend zusammengefasst werden:

$$p(t) = c_0 + \sum_{i=1}^{\infty} c_i \cos(i\omega_0 \cdot t + \varphi_i + \varphi_V) \qquad \text{Gl. 2.12}$$

In der spektralen Darstellung lautet eine Korrekturfunktion:

---

[6] Aus einer Phasendarstellung allein geht nicht hervor, welche Ordnungen für die Bildung der zeitlichen Funktionen relevant sind. Die Ordnungen, die eine relevante Amplitude besitzen, werden daher als pulsationsbildend bezeichnet.

$$F(\omega) \rightarrow F(\omega + \varphi_V) \qquad\qquad \text{Gl. 2.13}$$

In der Anwendung des FT-Ansatzes für den Verbrennungsmotor wird hierdurch der Aufwand stark vereinfacht. Ausgehend von stationär ermittelten Fourier-Koeffizienten kann für die zeitliche Darstellung der Druckfunktion $p(t)$ mit dem gleichen Datensatz die Phase auf der Zylinderauslassseite bei einer Verschiebung der Steuerzeiten (bezogen auf °KW) mit Verschiebung der Phasen-Koeffizienten entgegengewirkt werden. Gemäß gleicher Vorgehensweise kann bei einer Verschiebung der Einlasssteuerzeit der Zylindereinlassdruck korrigiert werden.

2.4.2 Scavenging

Unter dem Begriff Scavenging (engl. ausräumen) versteht man eine am Ottomotor angewendete Betriebsstrategie, bei der sich die Ventilhübe ein- und auslassseitig überschneiden. Durch die Überschneidung spült ein Teil der Frischluft das am Ende des Ausschiebevorgangs noch im Zylinder vorhandene Abgas in den Abgaskrümmer. Dabei entstehen folgende Vorteile: Durch den zusätzlichen Frischluftmassenstrom erhöht sich der Abgasmassenstrom, was vor allem in der Teillast und bei niedrigen Motordrehzahlen das Turboladerverhalten verbessert. Durch eine höhere Abgasenthalpie führt dies zu einer höheren Turboladerdrehzahl und dadurch zu einem höheren Ladedruck und schließlich einer besseren Füllung des Zylinders. Dem sogenannten Turboloch nach Erreichen der Motorsaugvolllast kann damit entgegengewirkt werden. Zusätzlich kann das höhere Sauerstoffangebot im Abgas eine Nachverbrennung anregen und damit eine Senkung der Emissionen bewirken. [18]

Für eine Scavenging Anwendung werden variable Steuerzeiten vorausgesetzt. Diese sind notwendig, um den Scavenging Effekt bei niedrigen Drehzahlen und bei niedriger Last einzuleiten - bei hohen Drehzahlen und hoher Last reicht die vorhandene Abgasmenge auch ohne diesen Effekt aus, um den Turbolader auf eine gewünschte Drehzahl zu bringen. Weiterhin muss eine Direkteinspritzung vorhanden sein, nur dann kann der Kraftstoff kontrolliert dem Brennraum beigemengt werden, so dass es durch die Ventilüberschneidung, wie es bei einem Vergasermotor, bei dem ein Kraftstoff-Luft-Frischgemisch angesaugt wird, der Fall wäre, nicht zu unerwünschten Spülverlusten und damit zum Austreten von unverbranntem Kraftstoff kommt. Weiterhin sind hochfeste Materialien für den Abgaskrümmer sowie für den Turbolader von großer Bedeutung. Bei einer Nachverbrennung im Abgas entstehen hohe Temperaturen denen die Materialien dauerhaft ausgesetzt sind. [18]

Für die Anwendung des FT-Ansatzes an einem Ottomotor, stellt das Scavenging eine spezielle Herausforderung dar. Am Beispiel des aktuellen V6-TFSI-Biturbo Motors wird an einem abgestimmten 1D-Strömungsmodell der Teillastbetriebspunkt $n = 1250\,\text{min}^{-1}$, $p_{me} = 7.5$ bar näher untersucht. Ausgehend von einer Basisstellung der Steuerorgane werden Berechnungen mit Ventilüberschneidung in drei Stufen (0 °, 15 °, 30 °) durchgeführt. Die Basisstellung weist eine Überschneidung von 0 ° bei 1 mm Hub vor. Die dazugehörigen Ventilhübe[7] sind in Abb. 2.13 dargestellt.

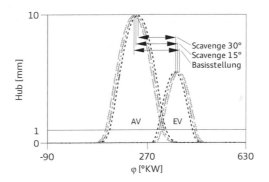

Abbildung 2.13: Steuerzeitenvariation: Scavenging

Abb. 2.14 (links) zeigt die sich im 1D-Modell ergebenden Druckpulsationen auf der Einlassseite im Einlasskanal für die drei verschiedenen oben aufgeführten Steuerzeiten-Varianten. Zu erkennen ist, dass die positiven Druckpulse, die durch die Zylinderansaugung der Zylinderbank 1 entstehen (Z_1, Z_2, Z_3), um den gleichen Betrag des verschobenen Einlassventilevents nach „früh" verschoben werden. Dieser Effekt wurde bereits im Vorfeld untersucht (vgl. Kapitel 2.4.1). Zusätzlich allerdings, wandern die Zwischenpulse (siehe eingerahmte Kästen) auf der Kurbelwinkelachse entgegengesetzt der Ventilverschiebungsrichtung, da sich auf Grund der Ventilüberschneidung ein verlängertes, negatives Druckgefälle ergibt während die Spülwirkung eingeleitet wird.

---

[7] In der Teillast wird hier auf der Einlassseite das Audi valve lift system (AVS) eingesetzt. Der Einlassnocken ist dabei zweistufig verstellbar und hat in seiner kurzen Nockenausführung den halben Hub.

Die rechte Grafik in Abb. 2.14 zeigt die Abbildungsqualität des vorgestellten FT-Ansatzes. Dabei sind wie in Abschnitt 2.4.1 erläutert, die Pulsationen auf der Zylinderein- und Auslassseite entgegen der jeweiligen Steuerzeitenverschiebungen versetzt. Dadurch lassen sich weiterhin die für den Ladungswechsel relevanten Hauptpulse Z_1, Z_2, Z_3 nachbilden. Die in entgegengesetzter Richtung laufenden Zwischenpulse allerdings können nicht abgebildet werden. Eine Auflösung der spektralen Anteile würde auch hier eine charakteristische Veränderung der Druckpulsationen bezüglich ihrer Phasen aufweisen, welche rekursiv nicht abbildbar ist (vgl. Abb. 2.10).

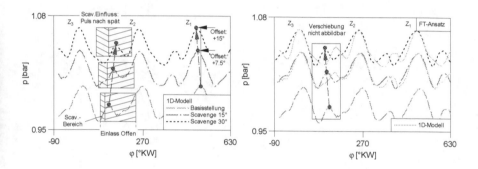

Abbildung 2.14: Zylinder-Einlassdruck bei Scavenging am 1D-Modell (links), FT-Ansatz (rechts)

Es besteht allerdings eine Möglichkeit, für den Scavengingbereich für den über die Fourier-Transformation ermittelten, invariablen Druck eine Druckkorrektur vorzunehmen. Dafür werden entsprechend einer FuE-Methode die Systeme Einlass-, Zylinder- und Auslassvolumen als Behälter betrachtet. Eine Verbindung zwischen den Systemen wird über die in Kapitel 1.4.2 vorgestellte Drosselgleichung hergestellt - die Durchflussbeiwerte α_K der Ein- und Auslassseite dienen dabei als Maß für den effektiven Strömungsquerschnitt der Ventile, die im Modell in Abhängigkeit vom Ventilhub hinterlegt werden. Unter der Verwendung der Durchflusskoeffizienten wird eine empirische Gleichung ermittelt, die bei vorhandener Druckdifferenz zwischen den Behältern einen Druckausgleich und dadurch einen zusätzlichen Spülvolumenstrom zulässt.

In Abb. 2.15 sind die Durchflusskoeffizienten für das Ein-und Auslassventil dargestellt. Ein Massendurchsatz im Scavengingbereich ist nur im Überschneidungsbereich der Ventilhübe möglich. Der Term $\sqrt{(\alpha_{k,ein} \cdot \alpha_{k,aus})}$ bietet an, einen repräsentativen Durchflusskoeffizienten für den relevanten Scavengingbereich zu gestalten, der genau dann greift, wenn Ein- und Auslassventil zur gleichen Zeit geöffnet sind. Die Durchflusskoeffizienten beziehen sich dabei auf die Bohrungsquerschnittsfläche des Zylinders.

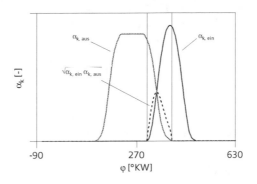

Abbildung 2.15: Ersatzfunktion für den Strömungsbeiwert

Einlassseitig lässt sich ein korrigierter Druck p_2^* durch Korrektur des Differenzdruckes zwischen Einlass- und Zylinderinnendruck erzeugen. Analog folgt eine Herleitung für p_3^* mit einer Korrektur des Differenzdrucks zwischen Auslass- und Zylinderinnendruck. Bei der Untersuchung unterschiedlicher Scavenging-Betriebspunkte hat sich die folgende, empirisch ermittelte Korrektur als geeignet erwiesen.

Für den Einlassdruck gilt:

$$p_2^* = p_2 + (p_{Zyl} - p_2) \cdot \sqrt{(\alpha_{k,ein} \cdot \alpha_{k,aus})} \cdot 20 \qquad \text{Gl. 2.14}$$

Entsprechend erfolgt eine auslassseitige Korrektur:

$$p_3^* = p_3 + (p_3 - p_{Zyl}) \cdot \sqrt{(\alpha_{k,ein} \cdot \alpha_{k,aus})} \cdot 20 \qquad \text{Gl. 2.15}$$

Abbildung 2.16 zeigt das Ergebnis der Druckkorrektur. Die schraffierten Bereiche entsprechen dem Scavengingbereich, bei dem der Term $\sqrt{(\alpha_{k,ein} \cdot \alpha_{k,aus})}$ einen positiven Wert annimmt und somit eine Korrektur der Drücke eingeleitet wird.

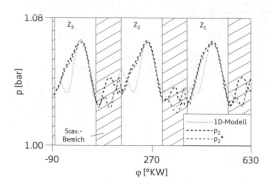

Abbildung 2.16: Druckkorrektur im Scavengingbereich (Scavenge 30 °)

In Abb. 2.17 sind die Massenströme durch die Ventile für die Scavenging 30 °-Variante des 1D-Modells und des FT-Ansatzes mit und ohne Korrektur gegenübergestellt. Die obere Grafik zeigt das Ergebnis der Massenströme durch die Ventile, die sich für das 1D-Modell ergeben. Der schraffierte Bereich auf der Einlassseite stellt genau den erhöhten Frischluftmassenstrom dar, der beim Spül-Effekt entsteht. Hierbei wird durch eine interne AGR eine Restgasmasse von 5.7 % erzeugt. Die mittlere Grafik stellt den Massenstrom dar, der sich mit dem FT-Ansatz bei einer ein- und auslassseitigen Druckvorgabe ohne Mitberücksichtigung einer Druckveränderung infolge der Ventilüberschneidung ergibt. Hierbei wird eine um knapp 2 % höhere Restgasmasse erzeugt. Im Ventilüberschneidungsbereich wird ein fehlerhafter Spülvorgang ermittelt. Im Vergleich zum 1D-Modell wird mit dem hergeleiteten Scavenge-Ansatz ein quantitativ gleichwertiges Ergebnis im Massenstrom und somit auch im Liefergrad, sowie für den Restgasmassenanteil erzielt (siehe untere Grafik).

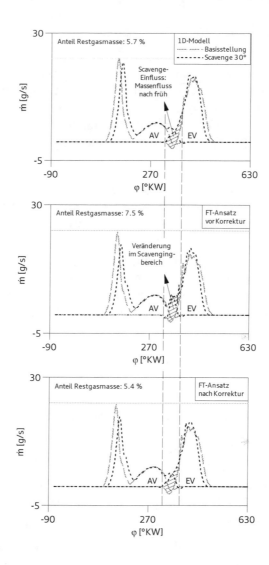

Abbildung 2.17: Massenstrom durch Ein-und Auslassventil

2.5 Modellarchitektur

Über die Modellierungsweise des vorgestellten FT-Ansatzes lässt sich Grund-legendes sagen: Innerhalb von allgemeinen, nicht motorspezifischen Simula-tions-Tools wie etwa MATLAB/Simulink, für die nicht ein kurbelwinkelauf-lösendes System vorgesehen ist sondern die Simulationszeit als Laufvariable gilt, kann zur Berechnung des Drucks die Zeit herangezogen werden (vgl. Gl. 2.12 im Kapitel 2.4.1).

Sofern die eingesetzte Simulationsumgebung eine kurbelwinkelaufgelöste Dar-stellung für eine Motorprozessrechnung vorsieht, so wie etwa innerhalb der Strömungssimulationsumgebung GT-POWER, so bietet es sich aus praktischen Gründen an, für die Berechnung der Druckpulsationen mit dem FT-Ansatz über den Motorkurbelwinkel zu argumentieren. Dazu wird über hinterlegte Fourier-Koeffizienten der Amplitude und Phase durch eine IDFT der Normal-puls berechnet und auf den mittleren Druck aufaddiert. Der Winkel wird dabei von der Kurbelwelle (φ_{KW} von $0\,°$-$720\,°$) vorgegeben (vgl. Gl 2.5).

$$f(t) = c_0 + \sum_{i=1}^{\infty} c_i \cos(i \cdot \varphi_{KW} + \varphi_i + \varphi_V) \qquad \text{Gl. 2.16}$$

2.5.1 Allgemeine Form (MATLAB/Simulink)

Das FT-Modell mit der vorgestellten Modellierungsweise (vgl. Kapitel 2.3 und Kapitel 2.4) kann sowohl auf Basis eines bestehenden, detaillierten 1D-Motormodells generiert werden als auch auf Basis von Niederdruckindizierun-gen am Prüfstand. Damit ist prinzipiell eine automatisierte Ermittlung direkt am Prüfstand möglich.

Die Modellierung des FT-Modells wird für die in der Motorenentwicklung üb-lichen, kommerziellen Simulationsumgebungen MATLAB/Simulink des Her-stellers *MathWorks* und GT-POWER des Herstellers *Gamma Technologies* vor-gestellt. Hinsichtlich der Modellarchitektur gibt es Unterschiede im Aufbau. Zunächst wird eine allgemeine Form der Modellierung präsentiert, die einer Vorgehensweise innerhalb einer MATLAB/Simulink-Umgebung entspricht.

Die Ausgangsbasis für die Erstellung eines FT-Modells bildet ein Füll- und Entleermodell (vgl. Kapitel 1.4.1). Entsprechend dieser Modellgrundlage, wird der Luftpfad des Motors in Form von sphärischen Behältern mit dem Volumen des jeweiligen Teilsystems abgebildet. Abbildung 2.18 stellt schematisch ein solches Modell dar. Dieses besteht aus einem Umgebungselement, in dem die Randbedingungen der anzusaugenden Umgebungsluft definiert sind, aus einem Abgasturbolader-System, das mit den entsprechenden Kennfeldern für den Verdichter und für die VTG-Turbine bedatet ist, aus einem Ladeluftkühler, einem AGR-Kühler, aus verschiedenen Behältern, die jeweils das Volumen eines Teilsystems abbilden und aus verschiedenen Stellern für dei Regelung des Luftmanagments (Drosselklappe (DK), Drallklappe und AGR-Ventil).

Wegen der beim V6-TDI vorhandenen Drallklappe, wird das Saugrohr unterteilt in einen Füll- und einen Tengentialbehälter. Das Konzept dient dazu, im magerbetriebenen Teillastbereich durch eine Ansteuerung der Drallklappe einen erhöhten Massenstrom und damit eine erhöhte Turbulenz im Tangentialkanal zu erzeugen. Die erhöhte Turbulenz in Form eines Dralls bewirkt dadurch einen effektiveren Ladungswechsel mit einer verbesserten Turbulenz und damit einer erhöhten Durchmischung des eingespritzten Diesel-Kraftstoffes. Ferner sind sechs Zylinder im Modell integriert - die Verbrennungsmodellierung kann gemäß den Anforderungen des Anwenders mit vorhandenen Verbrennungsmodellen bedatet werden.

Zunächst werden an vier sensiblen Stützstellen des Motors, an denen eine Abbildung der Druckpulsation die Güte des Motormodells erhöht (Verdichtereinlass, Zylindereinlass, Zylinderauslass und Turbineneinlass, vgl. Abb. 2.2), die Drücke an einem abgestimmten 1D-Motormodell oder etwa über eine Vermessung von Drucksignalen am Motorprüfstand über das gesamte Motorkennfeld abgegriffen. Diese Drucksignale werden anschließend einer Fourier-Transformation unterzogen, woraus die Fourier-Koeffizienten für Amplitude und Phase ermittelt werden. Diese werden für jede Stützstelle in Kennfelder eingebettet. Das Kennfeld besteht jeweils aus Phasen- und Amplitudenkennfeldern verschiedener Ordnungen, die abhängig von der Motordrehzahl und dem anliegendem mittleren Druck hinterlegt werden. Für jede Stützstelle wird ein zweidimensionales Kennfeld aufgespannt. Um eine spätere, gute Interpolierbarkeit zu erzielen, sollten die Stationärpunkte möglichst fein und äquidistant aufgezeichnet werden.

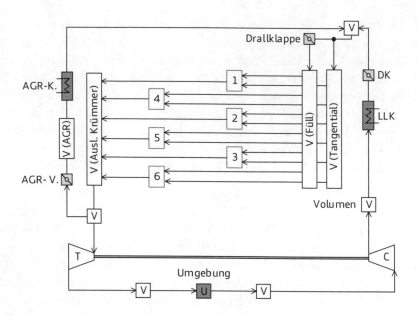

Abbildung 2.18: Auf Behälter reduziertes Motormodell (Füll-und Entleermodell)

Drehzahlschritte von $n = 250\,\text{min}^{-1}$ und Abstände im effektiven Mitteldruck von $p_{\text{me}} = 2\,\text{bar}$ werden hierbei empfohlen. Tabelle 2.1 liefert für 3 Ordnungen (3.0, 4.5, 6.0) als Beispiel einen Ausschnitt für ein solches Kennfeld am Zylinderauslass.

Tabelle 2.1: Hinterlegung der Fourier-Koeffizienten in Kennfelder

n [min^{-1}]	p_{mittel} [bar]	i [$-$]	c_i [bar]	φ_i [rad]
⋮	⋮	⋮	⋮	⋮
1000	1.220	3	0.0648	3.2266
1000	1.220	4.5	0.0060	-1.1635
1000	1.220	6	0.0290	0.7287
1000	1.247	3	0.0745	3.2101
1000	1.247	4.5	0.0061	-1.1728
1000	1.247	6	0.0344	0.7197
1000	1.270	3	0.0860	3.2005
1000	1.270	4.5	0.0062	-1.1880
1000	1.270	6	0.0409	0.7321
⋮	⋮	⋮	⋮	⋮
1250	1.182	3	0.0187	-1.6678
1250	1.182	4.5	0.0122	-1.6678
1250	1.182	6	0.0199	-0.7043
1250	1.185	3	0.0509	-1.6214
1250	1.185	4.5	0.0122	-1.6214
1250	1.185	6	0.0156	-0.2587
1250	1.208	3	0.0691	-1.6496
1250	1.208	4.5	0.0110	-1.6496
1250	1.208	6	0.0242	0.0150
⋮	⋮	⋮	⋮	⋮

Die Phasenskalen, die bei der Fouriersynthese für den Motorkennfeldbereich berechnet werden, haben in aller Regel eine mit ansteigender Kreisfrequenz des Motors und mit steigendem, mittleren Druck eine abnehmende Tendenz (vgl. Abb. 2.8, Kapitel 2.3). Die Werte können jedoch von Betriebspunkt zu Betriebspunkt innerhalb des Kreiswinkels Sprünge um den Wert $2\pi/i$ oder um ein Vielfaches davon enthalten. Genau innerhalb eines solchen Sprunges kann es bei einer Interpolationen zwischen diskret hinterlegten Datenpunkten zu falschen Ergebnissen kommen. Um dies zu vermeiden, empfiehlt es sich die Phasendaten händisch nachzubearbeiten. Diese Bearbeitung sollte für alle hinterlegten Ordnungen überprüft werden. Abb. 2.19 illustriert eine solche Korrektur entlang der Motordrehzahl für konstante Drücke bzw. entlang steigender Drücke für konstante Drehzahlen. Näheres zur Interpolationsfähigkeit von Fourier-Koeffizienten wird im Kapitel 2.6 behandelt.

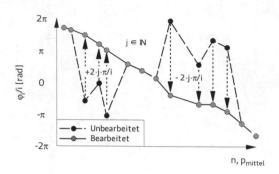

Abbildung 2.19: Korrektur der Phasen-Koeffizienten

Die in 5D-Kennfeldern hinterlegten Fourier-Koeffizienten werden auf Grund einer besseren Anschaulichkeit in sogenannte Fourier-Blöcke hinterlegt. Dort findet über die Vorgehensweise der IDFT aus den vorhandenen Daten eine Berechnung des pulsierenden Druckes statt, siehe Abb. 2.20.

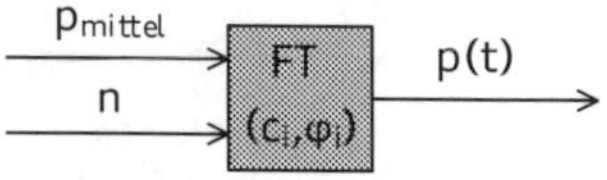

$$p(t) = p_{mittel} + \sum_{i=1}^{\infty} c_i \cos\left(i\omega_0 \cdot t + \varphi_i + \varphi_V\right)$$

Abbildung 2.20: Funktionsweise eines FT-Blocks

Abb. 2.21 zeigt die Schematik eines Behältermodells mit integrierten FT-Blöcken an den in den Kapiteln 2.2 und 2.3 diskutierten, relevanten Stützstellen am Verbrennungsmotor. Allerdings sei an dieser Stelle erwähnt, dass je nach Anwendungsbedarf solche FT-Blöcke an jeder Stelle des Modells angebracht werden können. Die Funktionsweise bleibt dabei stets die gleiche.

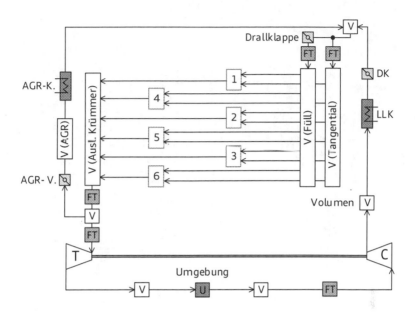

Abbildung 2.21: Hinterlegung der Fourier-Koeffizienten an vier Stützstellen

Im Weiteren wurde im Kapitel 2.3 eine Methode vorgestellt, die erlaubt, die Luftpfade einzelner Zylinder zu einem zusammenzufassen. Diese Methode ist optional und kann dann sehr sinnvoll sein, falls weitere Prozessorleistung für eine höhere Rechengeschwindigkeit lokalisiert werden soll. Untersuchungen haben ergeben, dass die Rechengeschwindigkeit dadurch je nach Betriebspunkt zwischen 10 % und 25 % erhöht werden kann.

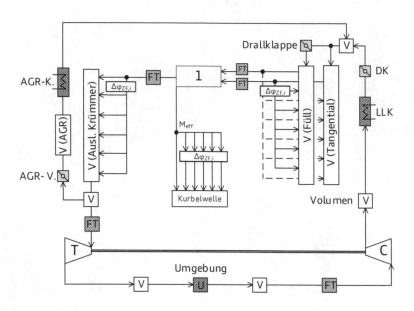

Abbildung 2.22: Reduktion des Luftpfades auf einen Zylinder

2.5.2 Spezielle Form für die Strömungssimulations-Software GT-Power

Innerhalb der Strömungssimulations-Umgebung GT-POWER ist die Beauf-schlagung einer Pulsation auf einem bereits vorhandenen Mitteldruck nicht ohne Weiteres möglich. Die Ursache liegt prinzipbedingt in der Anwendung der Strömungssolver. Der Strömungsluftpfad kann innerhalb seines Systems nur als geschlossen betrachtet werden. Damit ist eine Aufprägung von ther-modynamischen Größen von außen nicht möglich. Es bietet sich dennoch die Möglichkeit das Gesamtsystem des Luftpfades in unterschiedliche Subsyste-me zu unterteilen, und zwar genau dort, wo ein FT-Block eingesetzt werden soll. Erst durch einen Freischnitt des Gesamtsystems kann eine Aufprägung des Drucks realisiert werden. Das schematische Ergebnis einer solchen Syste-munterteilung ist in Abb. 2.23 dargestellt.

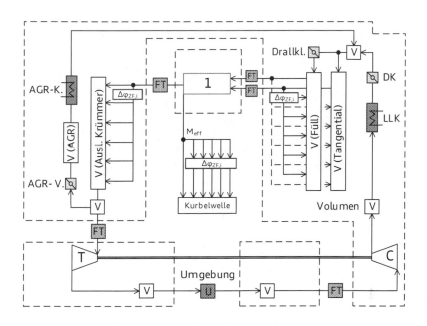

Abbildung 2.23: Aufprägung der Fourier-Koeffizienten an vier definierten Stützstellen

Zur Sicherstellung der Massenkontinuität müssen die Subsysteme wieder miteinander verbunden werden. Dies geschieht über einen Regelungsansatz, der die Informationen von Druck, Temperatur und Massenstrom in den Subsystemen nutzt und einen kontinuierlichen Massenstrom im System einregelt (Abb. 2.24). Durch die Verbindung von zwei Systemen über eine Vorwärts- und eine Rückwärtstemperatur $T_{\mathrm{vorw.}}$, $T_{\mathrm{rckw.}}$ und einem Rückwärtsdruck $p_{\mathrm{rckw.}}$ stellt sich über den Massenstrom als Stellgröße der Druck p_{Sys2} für das System 2 ein. Dadurch wird der thermische Zustand zweier Systeme miteinander vereinheitlicht.

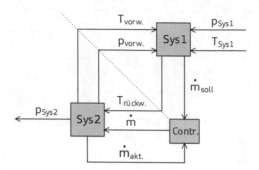

Abbildung 2.24: Physikalischer Regler zur Einhaltung der Massen-Kontinuität

Mit der Erweiterung der Regler ist in Abb. 2.25 die finale Systemarchitektur des FT-Modells speziell für die Strömungssimulations-Software GT-POWER dargestellt.

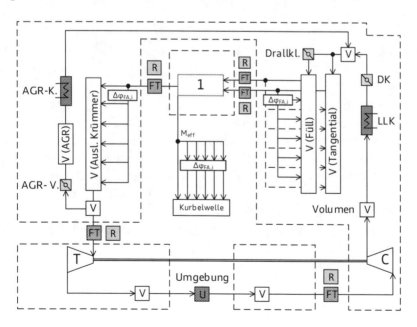

Abbildung 2.25: Verbindung des Luftpfades über physikalische Regler

Durch die hier angewandte Methode der Unterteilung des Gesamtmodells in

steht nun als eigenständiges und unabhängiges System zur Verfügung. Dadurch kann für jedes die numerische Lösung individuell gewählt werden. Zur Optimierung der Gesamtrechendauer wird eine optimale Kombination von impliziten und expliziten Solvern gewählt. Durch diese Clusterung kann das Potential der Rechengeschwindigkeit viel effizienter genutzt werden, da die jeweiligen Zeitschrittweiten (vgl. Abb. 1.7 im Kapitel 1.5) individuell angepasst werden können. Ein Systemabschnitt, das im Vergleich zu anderen keine geringe Zeitschrittweite erfordert, kann mit einer größeren Zeitschrittweite hinterlegt werden. Untersuchungen haben gezeigt, dass durch diese Methode je nach Betriebspunkt die Rechengeschwindigkeit um bis zu 400 % im Vergleich zu einer Lösung über einen einzelnen, expliziten Solver erhöht werden kann, siehe Abb. 2.26.

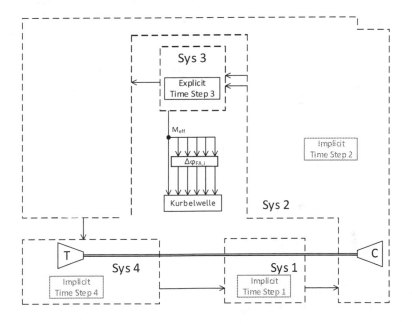

Abbildung 2.26: Wahl von individuellen Solvertypen für jedes Subsystem

2.6 Stationärverhalten

In Abb. 2.27 sind am fertiggestellten FT-Motormodell für einen stationären Betriebspunkt die Pulsationen an den vier definierten Stützstellen abgegriffen. Theoretisch können für die Berechnung von Druckpulsationen beliebig viele Fourier-Ordnungen hinterlegt werden. Mit zunehmender Anzahl an Rechenoperationen nimmt allerdings die Rechengeschwindigkeit ab. Um die Rechenbelastung möglichst gering zu halten, wird die Menge an Ordnungen an jeder Stützstelle soweit begrenzt, dass für alle Betriebspunkte innerhalb des Motorkennfeldbereiches immer eine Abbildungsgüte der Druckpulsationen von mindestens 95 % eingehalten wird, welche bei extremen Betriebspunkten der Anzahl von 19 Ordnungen für die Stützstelle „Vor Zylinder" entspricht. In diesem Zusammenhang sind im Anhang A.1 und A.2 für die vier Stützstellen Grafen über das gesamte Motorkennfeld aufgespannt, aus denen die Anzahl von notwendigen Ordnungen hervorgeht um eine Abbildungsgüte von $R^2 = 85\,\%$, $R^2 = 90\,\%$ und $R^2 = 95\,\%$ zu erreichen. Weiter sind im Anhang A.3 3D-Kennfelder am Beispiel des Auslasskrümmers hinterlegt, woraus die einzelnen Frequenzspektren in Abhängigkeit der Eingangsgrößen (n, p_{mittel}) hervorgehen.

Folgend wird eine Untersuchung vorgenommen um herauszufinden, inwieweit eine Interpolation innerhalb der Fourier-Koeffizienten zielführend ist. Dies ist genau dann interessant, wenn Betriebspunkte berechnet werden, die innerhalb diskret hinterlegter Punkte liegen, oder etwa bei einer transienten Rechnung, bei der generell die Zwischenräume der diskreten Punkte durchfahren werden. Zur Bewertung der Interpolationsgüte werden beispielhaft zwei extreme Betriebspunkte auf der Zylindereinlassseite gewählt, die in ihrer Drehzahl um $1000\,\text{min}^{-1}$ und in ihrem mittleren Druck um $390\,\text{mbar}$ voneinander entfernt liegen. In Abb. 2.28 links sind die Interpolationen zur Ermittlung der Amplitude und der Phase über die Ordnungen 0.5 bis 5.5 dargestellt.

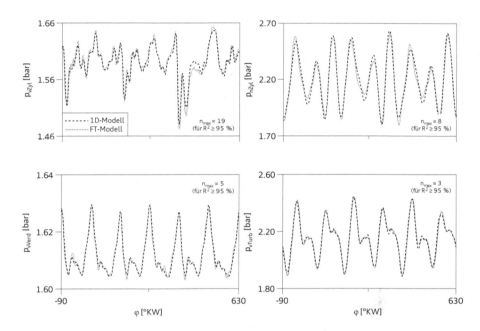

Abbildung 2.27: Stationärergebnisse ($n = 2000\,\text{min}^{-1}$, $p_\text{mi} = 10\,\text{bar}$)

Aus der spektralen Interpolation der Fourier-Koeffizienten ist in der rechten Grafik das zeitliche Ergebnis der Druckpulsationen dargestellt. Wie zu erkennen, zeigt die Methodik trotz einer großen Interpolationsweite eine sehr gute Übereinstimmung mit der originalen Druckpulsation, die sich bei $1500\,\text{min}^{-1}$ ergibt. Das Bestimmtheitsmaß für die Abbildungsgüte beträgt hier $R^2 = 72\,\%$.

Gegenübergestellt ist die punktierte Kurve, die sich aus einer reinen Mittelung der zeitlichen Druckkurven der beiden Randbetriebspunkte ergibt, die mit einer Abblildungsqualität von $R^2 = 48\,\%$ hier zu einem deutlich schlechteren Ergebnis führt.[8]

---

[8] Die Hinterlegung einer Druckkurve (vermessen über eine Indizierung am Motorprüfstand oder etwa abgegriffen über ein 1D-Modell) über Grad Kurbelwinkel würde die Datenmenge erheblich steigern. (Vergleich für einen Betriebspunkt: **Druckkurve**: Bei einer Auflösung von 1 Datenpunkt/°KW = 720 Datenpunkte, **Fourier-Methode**: Amplitude + Phase = 2 Datenpunkte. Verhältnis für 5 Ordnungen: 720/10 = 72-fache Datenmenge pro Betriebspunkt.)

Zusammenfassend kann festgehalten werden, dass die Interpolation der spektralen Fourier-Koeffizienten einen physikalischen Charakter aufweist und dadurch gegenüber einer reinen Mittelung zu deutlich besseren Ergebnissen führt.[9]

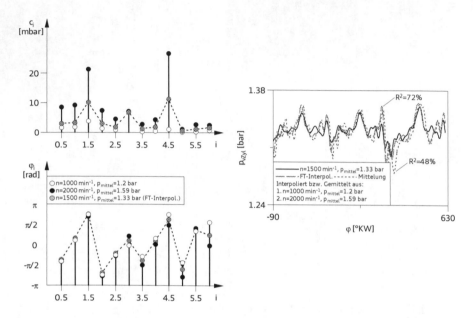

Abbildung 2.28: Qualität einer Interpolation der Fourier-Koeffizienten, spektrale Darstellung der Amplitude (oben links), der Phase (unten links) und der sich daraus ergebenden zeitlichen Darstellung (rechts)

---

[9] Trotz der guten Interpolierbarkeit zwischen diskret hinterlegten Fourier-Koeffizienten wurde bereits im Abschnitt 2.5.1 empfohlen, eine feine Auflösung der Drehzahl- und Lastschritte für die Einbettung der Daten vorzunehmen. Insbesondere im Bereich der Saugvollast des Motors sollten die diskreten Punkte nicht zu grob gewählt werden um dort einen etwaigen Effekt des erhöhten Ladedrucks auf den Druckpuls nicht durch eine Interpolation zu verlieren.

2.7 Transientverhalten im Zeitbereich

Das transiente Verhalten mit dem gesonderten Augenmerk auf eine veränderliche Motordrehzahl stellt für das zeitbasierte[10] FT-Motormodell eine spezielle Herausforderung dar. Bei einem stetigen Drehzahlwechsel[11] innerhalb eines Arbeitsspiels ändert sich die Kreisfrequenz kontinuierlich. In der Zeitebene bedeutet dies, dass sich auch die Periodendauer ändert und zwar bei jedem Arbeitsspiel. Hierbei ergeben sich folgende Problematiken:

1. Die DFT transformiert eine endliche Anzahl von N Abtastwerten und ist per Definition ein Werkzeug zur periodensynchronen Abtastung. Für die Funktionen der spektralen Transformationen erfolgt keine zeitliche Lokalisierung d. h. die Fourier-Transformation bietet nur dann interpretierbare Ergebnisse, wenn sich die spektrale Zusammensetzung eines Signals über die Zeit nicht ändert [19].

2. Durch eine sich ändernde Kreisfrequenz des Motors im Transienten, ist die Periodendauer eines Arbeitsspiels nicht vorhersehbar. Ein durch die IDFT ermitteltes Signal, das sich aus spektralen Anteilen zusammensetzt, die aus einem periodischen Signal (Ordnungen konstanter Kreisfrequenzen) ermittelt wurden, würde somit an einer falschen Stelle abgeschnitten werden. Die Funktion würde nicht bündig schließen und somit unstetig werden (siehe Abb. 2.29).

---

[10] Bei einer winkelbasierten Berechnung der DFT ergibt sich die aufgeführte Problematik nicht.

[11] Bei einem sprunghaften Drehzahlwechsel, beispielsweise ausgehend von der Eigenfrequenz auf ein Vielfaches der Eigenfrequenz, würden spektrale Komponenten ihre Periode zu Ende führen. Im Rahmen des Anwendungsbereiches für den Motor tritt dieser Fall jedoch auf Grund zu überwindender Massenträgheiten niemals auf.

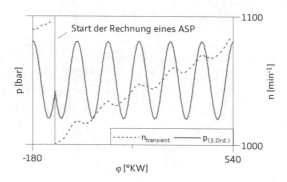

Abbildung 2.29: Unstetigkeit eines Druckpulses (Auslass) bei veränderlicher Drehzahl innerhalb eines Arbeitsspiels

Dennoch gibt es in der Praxis verschiedene Ansätze, um periodische Funktionen mit endlicher Periodendauer, folgend auch als Fensterlänge bezeichnet, aus kontinuierlichen Funktionen abzuleiten:

1. Diese dienen dazu, nichtperiodische Funktionen für ein endliches Zeitfenster durch Multiplikation von vorgefertigten Orthogonalfunktionen (Rechteckfunktionen, Dreiecksfunktionen, Hammingfenster, Gaußfenster etc.) mit Beihilfe des Faltungssatzes bündig mit dem Ende der Periode zu schließen. Ein Nachteil dieser Methode liegt darin, dass dadurch möglicherweise spektrale Anteile wichtiger Ordnungen ausgelöscht werden können, wodurch das Gesamtbild einer pulsatorischen Abbildung verzerrt wird. Speziell beim Ladungswechsel könnte die Auslöschung eines Pulses die Füllung des Zylinders stark beeinflussen. Eine gute Übersicht für Fensterfunktionen (Wichtungsfunktionen) für diskrete Fourier-Transformationen ist in [20] zusammengefasst.

2. Eine andere Möglichkeit, eine periodische Fortsetzung einer Funktion zu gestalten, ist das sogenannte „Zero-padding". Die Abtastwertezahl N mit der Abtastzeit $\Delta t = \omega/N$ kann dabei auf eine größere Abtastwertezahl $M > N$ mit der Abtastzeit $\Delta t = \omega/M$ projiziert werden. Praktisch werden so viele Nullen an N Abtastwerten drangehängt, bis der neue Abtastwert M erreicht ist [21]. In der zeitlichen Darstellung würde das Ergebnis dem eines gestreckten Signals entsprechen.[12]

---

[12] Eine Stauchung eines Signals, was beispielsweise notwendig wäre, wenn die Periodendauer sich verkürzt (positive Beschleunigung des Motors), ist mit dieser Methode allerdings nicht

3. Eine dritte Alternative bietet das Themenfeld der nichtstationären Signalklassen. Dort werden Verfahren behandelt, die durch zeitliche Lokalisierung der spektralen Komponenten für eine Aufbaufunktion eine sogenannte „spektrale Dynamik" mit berücksichtigen. Die spektrale Darstellung nimmt dabei eine Funktion an, die neben der Kreisfrequenz zusätzlich eine zeitliche Abhängigkeit erfährt. Dazu bieten sich unterschiedliche Ansätze wie die Kurzzeit-Fourier-Transformation (STFT) [22,23], Modifikation am Fourier-Integral [24], Wavelet-Transformation [22,25–31], oder Filterbankanalysen [32–35].

Für alle drei Varianten muss allerdings im Vorfeld die Periodendauer des Signals bekannt sein, welches prinzipbedingt bei einer transienten Simulation nicht möglich ist. Hieraus würden zusätzliche Modellierungsschritte die Anwendbarkeit des Modells erschweren und das bereits in der Rechengeschwindigkeit kritische Transientverhalten durch zusätzliche Rechenprozesse weiter belasten. Für die dritte Variante kommt hinzu, dass eine dynamische Drehzahl während eines ASP unendlich viele Verläufe annehmen kann, die nicht vorhersehbar sind.

Im Folgenden soll ein Ansatz vorgestellt werden, der den technischen Ansprüchen im Zusammenhang des hier behandelten Anwendungsfalles ausreichend gut genügt.

In Anbetracht einer während des Arbeitsspiels veränderlichen Motordrehzahl kann über 720 °KW eine äquivalente, zeitspezifische Periodendauer berechnet werden:

$$T_{\mathrm{ASP},t} = \int\limits_{0}^{\varphi=720} \frac{1}{6 \cdot n(\varphi)} \mathrm{d}\varphi \qquad \text{Gl. 2.17}$$

Unter der Annahme eines linearen Drehzahlverlaufs ausgehend von n_0, ergibt sich die zeitspezifische, mittlere Periodendauer zu:

$$\overline{T}_{\mathrm{ASP},t} = \int\limits_{0}^{\varphi=720} \frac{1}{6\left(n_0 + \frac{\Delta n}{720}\varphi\right)} \mathrm{d}\varphi \qquad \text{Gl. 2.18}$$

Nach Lösen des Integrals ergibt sich für ein gesamtes Arbeitsspiel:

$$\overline{T}_{ASP,t} = \frac{120}{\Delta n} \ln\left(1 + \frac{\Delta n \cdot \varphi}{720 \cdot n_0}\right)\Bigg|_{\varphi=720} = \frac{120}{\Delta n} \ln\left(1 + \frac{\Delta n}{n_0}\right) \qquad \text{Gl. 2.19}$$

Eine entsprechende zeitspezifische, mittlere Motordrehzahl über ein ASP ergibt sich zu:

$$\overline{n}_{ASP,t} = \frac{120}{\overline{T}_{ASP,t}} = \frac{\Delta n}{\ln\left(1 + \frac{\Delta n}{n_0}\right)} \qquad \text{Gl. 2.20}$$

Der Logarithmus aus Gl. 2.20 stellt für das Argument Null, also für ein Arbeitsspiel mit stationärer Drehzahl, eine undefinierte Menge dar. Ein erster Ansatz, dieses Problem zu umgehen, ist eine Reihenentwicklung des Logarithmus mit dem Ansatz

$$\ln(1 + x) = \sum_{i=1}^{\infty} \frac{(-1)^{i+1}}{i} \cdot x^i \qquad \text{Gl. 2.21}$$

vorzunehmen.

Eine Zerlegung von Gl. 2.20 für n-Taylor-Ordnungen ergibt die zeitspezifische, mittlere Drehzahl:

$$\overline{n}_{ASP,t} = \frac{\Delta n}{\ln\left(1 + \frac{\Delta n}{n_0}\right)} = \frac{\Delta n}{\frac{\Delta n}{n_0} - \frac{1}{2}\left(\frac{\Delta n}{n_0}\right)^2 + \frac{1}{3}\left(\frac{\Delta n}{n_0}\right)^3 \cdots + \frac{1}{n}\left(\frac{\Delta n}{n_0}\right)^n} \qquad \text{Gl. 2.22}$$

Der Reihenterm muss dafür allerdings auf eine endliche Anzahl an Ordnungen begrenzt werden. Dazu stellt sich zunächst die Frage, in welcher Größenordnung Drehzahlsprünge generell im Motor während einer Fahrt auftreten können, um darüber ein Abbruchkriterium der Reihenentwicklung bei einer bestimmten Ordnung definieren zu können.

Am Beispiel des WLTC[13] wurde hierzu eine Längsdynamiksimulation durchgeführt. Der Beschleunigungsvorgang in Abb. 2.30 stellt dar, dass maximale Drehzahländerungen von $\Delta n / \text{ASP} = 100 \frac{1}{(\text{min}\cdot\text{ASP})}$ während des Hochschaltens auftreten können, während der Drehmomentwandler aktiv den Drehzahlunterschied von Antrieb und Abtrieb regelt. Die Größenordnung von 100 hat sich hierbei im Rahmen der Untersuchungen zudem als zyklusunabhängig erwie-

---

[13] Worldwide Harmonized Light Duty Vehicles Test Cycle

sen und gibt daher eine allgemeingültige Abschätzung einer oberen Drehzahl-sprunggrenze.[14]

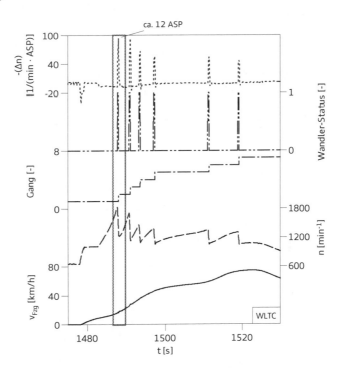

Abbildung 2.30: Maximaler Drehzahlsprung im ASP beim Beschleunigungsvorgang (Beispiel: WLTC)

Abb. 2.31 stellt für die Drehzahlen $750\,\text{min}^{-1}$ und $1500\,\text{min}^{-1}$ jeweils die zeits-pezifische, mittlere Motordrehzahl aus Gl. 2.20 dar und die jeweils dazugehö-rigen drei ersten Reihenentwicklungen aus Gl. 2.22. Im motorrelevanten Dreh-zahlbereich - hier das Maximum als $(\Delta n/\text{ASP})_{\text{max}} = 100\,\frac{1}{\text{min}\cdot\text{ASP}}$ eingetragen, liefert die 2. Ordnung bereits mit einem relativen Fehler von $0.6\,\%$ eine aus-reichende Genauigkeit. Die Abschätzung wird bei niedriger Motordrehzahl ge-troffen, da dort der Fehler am größten ist. Eine Drehzahl von $750\,\text{min}^{-1}$ liegt im Allgemeinen im Bereich einer Motor-Leerlaufdrehzahl und kann somit als obere Abschätzung herangezogen werden.

---

[14] Unter Umständen kann dieser Wert bei großen Unterschieden zwischen den einzelnen Ge-triebeübersetzungsstufen nach oben abweichen.

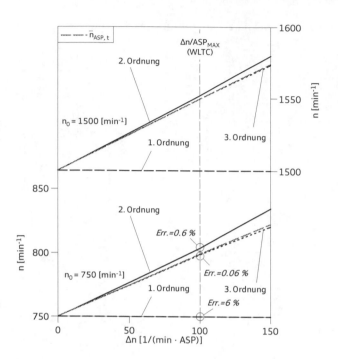

Abbildung 2.31: Anzahl an Taylor-Ordnungen für die Reihenentwicklung zur Bestimmung von $\bar{n}_{ASP,t}$

Neben der zeitspezifischen, mittleren Drehzahl kann alternativ auch eine winkelspezifische, mittlere Drehzahl definiert werden, die sich bei einem Drehzahlanstieg, ausgehend von n_0 mit einem linearen Gradienten $dn_0/d\varphi$ bei $360°$ ergibt, also bei der örtlichen Mitte eines Arbeitsspiels:

$$\bar{n}_{ASP,\varphi} = n_0 + \frac{dn_0}{d\varphi} \cdot 360 \qquad \text{Gl. 2.23}$$

und

$$\overline{T}_{ASP,\varphi} = \frac{2}{\bar{n}_{ASP,\varphi}} \qquad \text{Gl. 2.24}$$

In Abb. 2.32 (links) sind die winkelspezifische, mittlere Motordrehzahl $\bar{n}_{ASP,\varphi}$ und die dazugehörige Periodendauer $\overline{T}_{ASP,\varphi}$ dargestellt, die sich aus einem Drehzahlsprung innerhalb eines Arbeitsspiels ergeben. Wird die Schnittstelle bei $360°$KW als örtliche Mitte betrachtet, so ergeben sich die zeitlichen Anteile $t_{0°-360°}$, die Zeit, die der Motor benötigt, um von n_0 auf $n_{ASP,\varphi}$ zu beschleunigen, und $t_{360°-720°}$, die Zeit, die der Motor braucht, um von $n_{ASP,\varphi}$ auf n_{720} (Drehzahl bei Abschluss des Arbeitsspiels) zu beschleunigen. Die mittlere Drehzahl in der ersten Hälfte der Beschleunigung des Motors bis 360 °KW ist geringer als die in der zweiten Hälfte. Folglich geht daraus hervor, dass für eine positive Beschleunigung des Motors, wie in der Grafik dargestellt, die Zeit $t_{0°-360°}$, die der Motor zum Beschleunigen braucht, größer sein muss als die $t_{360°-720°}$.[15] In Abb. 2.32 (rechts) ist dargestellt, dass für den positiven Beschleunigungsfall eine zeitlich gemittelte Periodendauer $\overline{T}_{ASP,t}$ über ein Arbeitsspiel gegenüber $\overline{T}_{ASP,\varphi}$ bei einem früheren Winkel $\varphi_{ASP,t}$ liegt. Die Schnittstelle mit der Drehzahl ergibt die zeitspezifische, mittlere Motordrehzahl $\overline{n}_{ASP,t}$. Somit kann festgehalten werden:

- Bei einer positiven Motorbeschleunigung gilt: $n_{ASP,t} < n_{ASP,\varphi}$.

- Bei einer negativen Motorbeschleunigung gilt: $n_{ASP,t} > n_{ASP,\varphi}$.

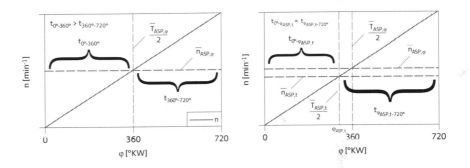

Abbildung 2.32: Definition der Ersatzdrehzahlen $\overline{n}_{ASP,\varphi}$ (links) und $\overline{n}_{ASP,t}$ (rechts)

Eine weitere, elegantere Lösungsmöglichkeit ist die einer Abschätzung aus Gl. 2.20 für den motorrelevanten Drehzahlbereich. Für eine Abschätzung $n_{min} = n_{Leerlauf}$, $\Delta n_{max} = (n_{ASP})_{max}$ kann folgende Näherung getroffen werden:

$$\overline{n}_{ASP,t}(n_{0,min}, \Delta n_{max}) = \frac{\Delta n_{max}}{\ln\left(1 + \frac{\Delta n_{max}}{n_{0,min}}\right)} \sim \overline{n}_{ASP,\varphi} \text{ für kleine } \Delta n \qquad \text{Gl. 2.25}$$

---

[15] Bei einer negativen Beschleunigung würde sich das Verhältnis drehen. Dann würde gelten:

In Abb. 2.33 sind $\bar{n}_{ASP,t}$, $\bar{n}_{ASP,\varphi}$ und die entsprechenden Periodendauer $\bar{T}_{ASP,t}$ und $\bar{T}_{ASP,\varphi}$ für unterschiedliche n_0 in Abhängigkeit vom Drehzahlanstieg Δn während eines Arbeitsspiels grafisch dargestellt. Es lässt sich an der Markierung $\Delta n/ASP_{max}$ erkennen, dass die Abschätzung aus Gleichung 2.25 im motorrelevanten $\Delta n/ASP$-Bereich legitim ist.

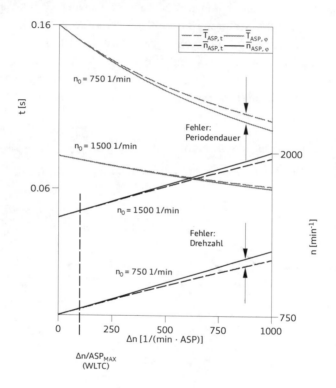

Abbildung 2.33: Zeitlich- und winkelspezifisch gemittelte Periodendauer und Drehzahl

Unter der Annahme einer konstanten, repräsentativen Drehzahl während eines Arbeitsspiels wird somit das Problem umgangen, dass ein Signal über die gesamte Periode unstetig wird. Ein transienter Drehzahlverlauf wird demnach als eine Aneinanderreihung einzelner Arbeitsspiele mit stationärer Drehzahl mit dem Wert $\bar{n}_{ASP,\varphi}$ betrachtet.

Zur Validierung dieser Methode wird am FT-Modell eine transiente Simulation durchgeführt, bei der sowohl die Motordrehzahl, als auch die Last angehoben werden. Dabei wird der sich ergebende Auslassdruck p dem Ergebnis einer

1D-Modells gegenübergestellt. In Abb. 2.34 (oben links) ist der transiente Verlauf dargestellt. Zu drei unterschiedlichen, markierten Zeitpunkten ist jeweils ein Arbeitsspiel abgegriffen:

1. Erreichen der Saugvolllast (p_3 const., n steigend)

2. p_3 steigend, n steigend

3. p_3 fallend, n steigend

In den kurbelwinkelaufgelösten Abbildungen der jeweiligen Arbeitsspiele A-C kann gezeigt werden, dass die Druckpulsationen aus dem FT-Modell sehr gut mit den 1D-Ergebnissen übereinstimmen.

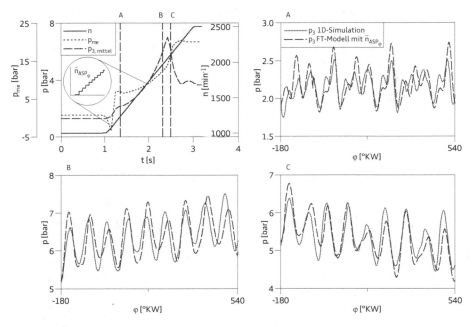

Abbildung 2.34: Transientes Verhalten bei Last-und Drehzahlwechsel

2.8 Zusammenfassung FT-Modell

Abb. 2.35 soll an dieser Stelle schrittweise eine gesamtheitliche Übersicht über das Vorgehen zur Erstellung des FT-Modells geben.

Ebene I:

Die Ausgangsbasis bildet ein bereits in seiner Strömung und Verbrennung abgestimmtes 1D-basiertes Motormodell, so wie es im Rahmen dieser Arbeit durchgeführt wurde. Alternativ dazu kann ein automatisierter Prozess über einen Motorenprüfstand als Datenlieferant realisiert werden. Dazu ist für Druckmessungen die erforderliche Sensorik an den jeweiligen Messstellen anzubringen. Die Drücke werden in der

Ebene II:

an den interessanten Stützstellen, an denen eine Auflösung der Druckpulsationen erwünscht ist, über das gesamte Motor-Kennfeld an stationären Punkten aufgezeichnet. Im Rahmen dieser Arbeit wurden für eine realistische Erfassung des Ladungswechsels die Stützstellen „vor Zylinder" und „hinter Zylinder" und für eine realistische Erfassung des pulsierenden Verdichter- und Turbinenwirkungsgrades die Stützstellen „vor Verdichter" und „vor Turbine" gewählt. Die Stützstellen können allerdings nach Belieben erweitert werden. Für eine spätere, gute Interpolationsfähigkeit sollte das Motorkennfeld gemäß empfohlener Schrittweite abgetastet werden (vgl. Kapitel 2.5.1).

Ebene III:

Die aufgezeichneten Druckverläufe werden nun mit Hilfe der Fourier-Transformation in ihre spektrale Darstellung überführt. Die daraus erworbenen Fourier-Koeffizienten (Phasen und Amplituden) werden für die

Ebene IV:

in Abhängigkeit der Ordnung i gegliedert. Hierbei ist insbesondere darauf zu achten, dass die Phasen-Koeffizienten auf ein gemeinsames Fenster $(-2\pi, 2\pi)$ projiziert werden (vgl. Abb. 2.19 im Abschnitt 2.5.1), sodass innerhalb seiner Grenzen eine Interpolation möglich ist. Diese Darstellungsweise ist notwendig, um folglich in

Ebene V:

für jede Stützstelle ein 2D-Kennfeld mit 3 Ausgangsgrößen aufzuspannen (vgl. Tab. 2.1 im Abschnitt 2.5.1). Der Darstellbarkeit halber sind hier zwei 2D-Kennfelder mit jeweils 2 Ausgangsgrößen abgebildet. Dazu werden aus dem Basismodell bzw. aus der Basismessung die zu den Druckmessungen zugehörigen Drehzahlen und anliegenden, mittleren Drücke an den Stützstellen benötigt. Sind die Daten aufbereitet, können diese für die

Ebene VI:

in das FT-Modell, mit der vorgestellten Modellarchitektur (siehe Abb. 2.21 im Kapitel 2.5.1) eingebettet werden. Nach dem Prinzip eines Füll- und Entleer-modells werden die mittleren Drücke in den Behältern berechnet (vgl. Kapitel 1.4.1). Innerhalb des FT-Modells wird dann mit Hilfe der in den Kennfeldern hinterlegten Fourier-Koeffizienten eine IDFT durchgeführt, aus der, der auf Nullniveau basierte Druckverlauf errechnet und auf den mittleren Druck auf-addiert wird.

Zur Berücksichtigung von Eingriffen in die Steuerzeiten (variable Steuerzeiten vgl. Kapitel 2.4.1) und für den speziellen Fall vom Scavenging-Konzept (vgl. Kapitel 2.4.2) für die ottomotorische Verbrennung, werden die vorgestellten Ansätze im FT-Modell hinterlegt. Zusätzlich wird für die Abbildung transien-ter Vorgänge (vgl. Kapitel 2.7) der vorgestellte Ansatz im FT-Modell imple-mentiert.

Ein Geschwindigkeits-Benchmark, dass an dieser Stelle durchgeführt wird, soll helfen das FT-Modell in seiner Rechengeschwindigkeit einem klassischen 1D-Modell gegenüberzustellen. Für die untere Drehzahl von 1000 min^{-1} kann diese von einem Echtzeitfaktor von 56 auf 0.4, also um den Faktor 140 und bei 4000 min^{-1} von 184 auf 1.9, also um den Faktor 97, erhöht werden (siehe Abb. 2.36). Die Ergebnisse wurden an einem Rechner mit einem i7-2.80 GHz-Prozessor ermittelt.

Zusammenfassend soll Tabelle 2.2 das FT-Modell in seinen Eigenschaften an-deren konventionellen Simulationsmethoden gegenüberstellen. Aus der Dar-stellung wird ersichtlich, dass ein FT-Modell im Grunde eine optimale Kom-bination aus einem detaillierten 1D-Modell und einem Mittelwertmodell hin-sichtlich der Ergebnisqualität ist. Bezüglich der Rechengeschwindigkeit steht es gemeinsam mit einem klassischen Mittelwertmodell auf einem Niveau. Zu-sätzlich kann es die Strömungsdynamik des Luftpfades abbilden. Allerdings bleibt es für Geometrieoptimierungen eingeschränkt, da der Luftpfad in Form von Behältern abgebildet wird. An dieser Stelle sei zu erwähnen, dass bei ei-ner Veränderung der Luftpfadgeometrie des Motors (Rohrdurchmesser, Rohr-längen, Krümmungen etc.), so wie es während einer Motorentwicklungsphase häufig der Fall ist, es notwendig ist, die strömungsbedingten Druckpulsation auf Basis von Indizierungen am Motorprüfstand (sofern Veränderung in der

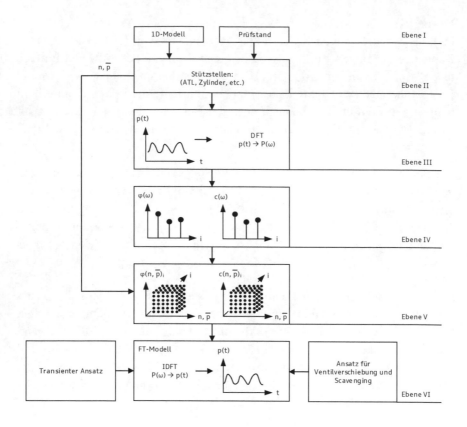

Abbildung 2.35: Schematische Anleitung zur Erstellung eines FT-Modells

Hardware umgesetzt sind) oder etwa am neu abgestimmten Basis 1D-Strömungsmodell zu überprüfen. Sollten die Veränderungen die Charakteristik der Druckpulsationen verändern, so ist es notwendig die Fourier-Koeffizienten erneut abzugreifen und im FT-Modell neu zu implementieren.

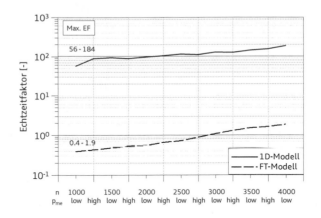

Abbildung 2.36: Rechengeschwindigkeit (Prozessor: i7-2.80 GHz)

Tabelle 2.2: Modell-Detaillierungsgrade

Eigenschaft / Modell	1D Geometrie-optimierung	Strömungs-dynamik	Luftpfad-Volumen	Rechen-Geschwindigk.
1D	✓	✓	✓	X
Mittelwert	X	X	✓	✓
Fourier-Methode	X	✓	✓	✓

3 Semi-physikalisches Stickoxid-Modell

3.1 Grundlagen der Stickoxidentstehung

3.1.1 Dieselmotorische Verbrennung

Der dieselmotorische Betrieb ist gekennzeichnet durch eine nicht-vorgemischte Verbrennung, bei der Brennstoff in die zuvor hoch komprimierte, heiße Verbrennungsluft im Brennraum eingespritzt wird. Zur Bildung eines lokal selbstzündfähigen Gemisches steht aufgrund der separaten Brennstoffzufuhr nahe dem oberen Totpunkt nur wenig Zeit zur Verfügung, sodass die Energieumsetzung maßgeblich von der Einspritz- und Gemischbildungsgeschwindigkeit abhängt. Bedingt durch die heterogene Gemischbildung kommt es anders als bei der ottomotorischen Verbrennung zu keiner turbulenten Flammenausbreitung. Dies hat einerseits zur Folge, dass die Verbrennungszeit deutlich länger ist. Auf der anderen Seite kommt es zu keiner klopfenden Verbrennung, weshalb der Ladedruck und das Verdichtungsverhältnis bis zum Erreichen eines maximalen Zylinderdrucks angehoben werden können. Insgesamt ermöglicht dies sehr hohe Spitzendrücke mit den sich daraus ergebenden Vorteilen für Drehmoment und Wirkungsgrad. Einem theoretischen Leistungsnachteil aufgrund der Drehzahlbegrenzung kann damit entgegengewirkt werden. [2, 36]

In Gl. 3.1 ist das Verbrennungsluftverhältnis λ definiert als das Verhältnis von tatsächlich zugeführter zu theoretisch erforderlicher Luftmasse, ausgedrückt als Produkt von stöchiometrischem Luftbedarf pro kg Kraftstoff und der eingebrachten Brennstoffmasse. Obwohl der Dieselmotor im überstöchiometrischen Bereich betrieben wird, kommt es aufgrund der heterogenen Gemischbildung im Brennraum zu erheblichen Unterschieden im lokalen Luftverhältnis, das zwischen 0 und ∞ liegen kann.

$$\lambda = \frac{m_L}{m_{L,st}} = \frac{m_L}{L_{st} \cdot m_B} \qquad \text{Gl. 3.1}$$

Dies hat unmittelbare Auswirkungen auf die chemischen Vorreaktionen, die die Selbstzündung einleiten sowie auf die Entstehung und Nachbehandlung von Schadstoffen. Während Zonen mangelnden Sauerstoffangebots, z. B. am Spraykopf, die Rußbildung begünstigen, sorgen wiederum solche hohen Luftüberschusses für einen unvollständigen Abbau der während der Verbrennung entstehenden Stickoxide. Der Betrieb eines klassischen 3-Wege-Katalysators, in dem die Oxidation von CO und unverbrannter Kohlenwasserstoffe (UHC) zu CO_2 und H_2 zeitgleich mit der Reduktion von NO zu N_2 stattfindet, ist aufgrund des global überstöchiometrischen Betriebs nicht möglich. [37]

In Abbildung 3.1 sind die einzelnen Prozesse der dieselmotorischen Gemischbildung und Verbrennung zusammengefasst. Im Folgenden sollen die Grundzüge der einzelnen Prozesse thematisiert werden.

Moderne dieselmotorische Brennverfahren basieren auf direkter Kraftstoffeinspritzung in den Brennraum und erfordern in diesem Zusammenhang eine schnelle Abfolge von Strahlzerfall, Verdampfung und Gemischbildung. Entscheidend hierfür ist insbesondere die kinetische Energie des Strahls, die u. a. vom Einspritzdruck und der Düsengestaltung abhängt. Zudem ist auch das Strömungsfeld im Brennraum maßgebend für eine gute und schnelle Gemischbildung. [38]

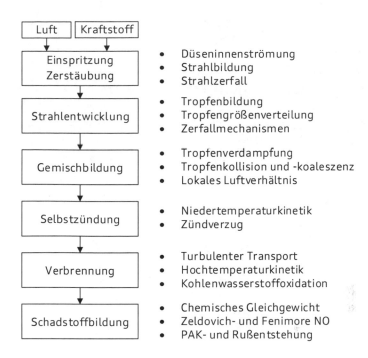

Abbildung 3.1: Teilprozesse dieselmotorischer Gemischbildung und Verbrennung [2]

Während der Einspritzung wird die Güte der Gemischaufbereitung durch die turbulente kinetische Energie des Strahls bestimmt, wohingegen das globale Strömungsfeld im Brennraum nach Einspritzende bzw. nach Abbremsung des Strahls entscheidend wird. [2, 37, 39]

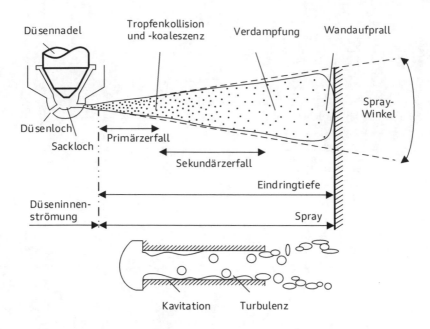

Abbildung 3.2: Schematische Darstellung der Strahlentwicklung [2]

Der konvektive Wärmetransport während der Vermischung heißer Umgebungsluft mit noch vergleichsweise kalten Brennstofftropfen am Strahlrand (Air-Entrainment) und die Wärmestrahlung der heißen Brennraumwände initiieren die Verdampfung an der Tropfenoberfläche. Die Verdampfungsrate des Tropfens hängt außerdem von der Wärmediffusion von der erwärmten Oberfläche zur kalten Tropfenmitte ab. Der verdampfte Brennstoff vermischt sich durch diffusive Prozesse mit der Umgebungsluft, wobei das gebildete Kraftstoff-/Luftgemisch idealerweise bei einem lokalen Luftverhältnis zwischen $(0,6 < \lambda_l < 0,8)$ selbst zündet. [37, 39]

Die notwendige Zeit vorangehender Prozesse wird als physikalischer Zündverzug bezeichnet. Diese Zeit ist notwendig bis die chemischen Vorreaktionen im Gemisch ablaufen, damit es zur Selbstzündung kommen kann. Der chemische Zündverzug umfasst die Erzeugung der für die wärmefreisetzenden Reaktionen erforderlichen Radikale. Die Wärmefreisetzung erfolgt ab einer ausreichend hohen Radikalkonzentration. Sowohl die vorangehende Zerstäubung als auch die Zündwilligkeit des Kraftstoffs (Cetan-Zahl) sind entscheidend für die Zündverzugszeit, die bei modernen Dieselmotoren im Volllastbereich zwischen 0.3 und 0.5 ms und im Teillastbereich zwischen 0.6 und 0.8 ms liegt. [37]

In Abbildung 3.3 sind sowohl der schematische Einspritz-, als auch der Brennverlauf im Dieselmotor mit seinen 3 charakteristischen Phasen dargestellt.

Demnach beginnt die Dieselverbrennung mit einer vorgemischten Verbrennungsphase. Diese ist durch die schlagartige Verbrennung des Kraftstoff-/Luftgemisches, das sich innerhalb der Zündverzugszeit homogen vermischt, und den damit einhergehenden hohen Druck- bzw. Wärmefreisetzungsgradienten charakterisiert. Je länger der Zündverzug und je höher die dadurch induzierten Radikalkonzentrationen sind, umso größer sind die Druckgradienten, die sich als Diesel typisches Verbrennungsgeräusch (Dieselschlag) bemerkbar machen. Ein später Einspritzbeginn und eine zusätzliche Voreinspritzung (Piloteinspritzung) führen jeweils zur Reduzierung der Druckgradientenmaxima und damit zur Dämpfung des Schlaggeräusches. Insbesondere die Schadstoffentstehung kann dadurch gezielt beeinflusst werden. [2, 36]

Die zweite Phase wird als mischungs- bzw. diffusionskontrollierte Hauptverbrennung bezeichnet und beginnt mit dem Ende des Verbrauchs des homogen vorgemischten Gases. Sie unterscheidet sich von der ersten Phase darin, dass nicht mehr die Reaktionskinetik, sondern die Diffusionsrate, mit welcher neuer Brennstoff und Luft in die Verbrennungszone getragen werden, geschwindigkeitsbestimmend ist. In dieser Phase ist daher anzunehmen, dass die Vorgänge der Gemischbildung und die Verbrennung simultan ablaufen.

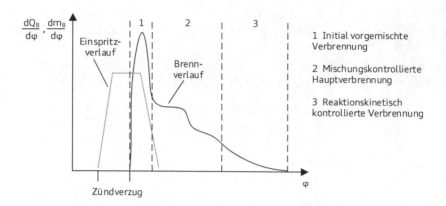

Abbildung 3.3: Einspritz- und Brennverlauf im Dieselmotor [2]

In Abbildung 3.4 ist das quasistationäre Modell der mischungskontrollierten Hauptverbrennung zu sehen. Flüssiger, kalter Kraftstoff und heiße Luft diffundieren in die Verbrennungszone und bilden zunächst eine teilvorgemischte, fette Zone, in der die partielle Oxidation von unverbrannten Kohlenwasserstoffen, Kohlenmonoxid und Rußpartikeln stattfindet. Um den Brennstoffdampf bildet sich auf einer Isofläche mit $\lambda = 1$ eine dünne Diffusionsflamme, in die die teiloxidierten Verbrennungsprodukte der fetten Vormischverbrennung eindringen und zu CO_2 und H_2O reagieren. Durch die extreme Wärmefreisetzung wird das Temperaturniveau in der Diffusionsflamme so hoch, dass sich auf der mageren Seite Stickoxide bilden, während es innerhalb der Umhüllenden vermehrt zur Rußbildung kommt, die ebenfalls durch die hohe Temperatur und zusätzlich durch den Mangel an Sauerstoff angetrieben wird. Die mischungskontrollierte Hauptverbrennung endet mit Erreichen der maximalen Brennraumtemperatur. [2, 36]

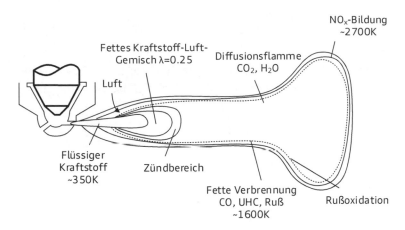

Abbildung 3.4: Konzeptionelles Modell der Hauptverbrennung [2]

An die zweite Phase der Dieselverbrennung schließt sich die späte Nachverbrennung (vgl. Abb. 3.3) an, die wieder reaktionskinetisch kontrolliert ist. Sowohl die Brennraumtemperatur, als auch der Brennraumdruck nehmen aufgrund der immer mehr in den Expansionstakt verlagerten Verbrennung sehr schnell ab. Während dieser späten Verbrennung wird kein neuer Brennstoff nachgeliefert. Vielmehr werden unverbrannte Kohlenwasserstoffe und mehr als 90 % der Rußpartikel, die während der Hauptverbrennung unter lokal fetten Bedingungen entstehen (vgl. Abb. 3.4), oxidiert. [2, 36]

3.1.2 Motorische Stickoxidentstehung

Die bei der motorischen Verbrennung entstehenden unterschiedlichen Sauerstoffverbindungen des Stickstoffs, die unter dem Begriff Stickoxide (NO_x) zusammengefasst werden. Die verbrennungstechnisch relevanten Oxidationsstufen sind dabei NO (Stickstoffmonoxid) und NO_2 (Stickstoffdioxid). Die Reaktionen, die zur Stickoxidbildung führen, laufen dabei überwiegend endotherm ab und setzen eine hohe Energiezufuhr voraus, weshalb molekularer Stickstoff und molekularer Sauerstoff in der Atmosphäre nicht miteinander reagieren, sondern koexistent vorliegen. [40]

Stickstoffmonoxid

Bei der motorischen Verbrennung wird hauptsächlich NO (85 % bis 95 %) gebildet, das an der Atmosphäre in Verbindung mit Sauerstoff bzw. Ozon (O_3) zu NO_2 oxidiert. Im Verbrennungsmotor entsteht NO nach den folgenden Bildungsmechanismen:

- Thermisches NO

- Promptes NO

- Brennstoff NO

- NO aus N_2O - Mechanismus

Thermisches NO

Dieselmotorisch dominiert der thermische Prozess die NO-Bildung (90 % bis 95 % Gesamtanteil). Die entscheidenden Elementarreaktionen werden durch den erweiterten Zeldovich-Mechanismus beschrieben. [41]

$$N_2 + \dot{O} \underset{k_{1,r}}{\overset{k_{1,v}}{\rightleftharpoons}} NO + \dot{N} \qquad\qquad \text{Gl. 3.2}$$

$$\dot{N} + O_2 \underset{k_{2,r}}{\overset{k_{2,v}}{\rightleftharpoons}} NO + \dot{O} \qquad\qquad \text{Gl. 3.3}$$

$$\dot{N} + OH \underset{k_{3,r}}{\overset{k_{3,v}}{\rightleftharpoons}} NO + \dot{H} \qquad\qquad \text{Gl. 3.4}$$

Gl. (3.2) und Gl. (3.3) beinhalten die von *Y. B. Zeldovich* (1946) erstmals beschriebenen Elementarreaktionen. Gl. (3.4) ist die nachträgliche Erweiterung des ursprünglichen Kettenreaktionsmechanismus nach *Lavoie et al.* (1970). [42,43]

Die Reaktionsgeschwindigkeiten $k_{i,v/r}$ der Vorwärts- und Rückreaktionen der erweiterten Zeldovich-Mechanismen können durch die Arrhenius-Beziehung in Gl. 3.5 beschrieben werden.

$$k_{i,v/r} = A'T^b \cdot e^{\frac{-E_A}{R_{\text{Gas}}T}}, i\epsilon\{1, 2, ...\} \qquad\qquad \text{Gl. 3.5}$$

Demnach ist die Reaktionsgeschwindigkeit insbesondere abhängig von der Aktivierungsenergie E_A, die für das Zustandekommen der Reaktion aufgebracht werden muss, und der absoluten Temperatur T. Für sehr hohe Temperaturen konvergiert der Term gegen den präexponentiellen Faktor $A'T^b$ in diesem

Fall wird die Geschwindigkeit durch die Stoßkinetik der Moleküle beschrieben. Die Konstante A', der Temperaturbeiwert b und die Aktivierungsenergie E_A können für die Zeldovich-Reaktionen aus Tabellenwerken entnommen werden. [2]

Entscheidend für den Anstoß der Kettenreaktion nach Gl. 3.2 ist atomarer Sauerstoff, der nach dem thermischen Zerfall von molekularem Sauerstoff zur Verfügung steht (Gl. 3.6) [44].

$$O_2 \rightleftharpoons 2\dot{O} \qquad \text{Gl. 3.6}$$

Das molekulare Sauerstoffangebot resultiert wiederum aus den thermischen Dissoziationsprozessen der Verbrennungsprodukte CO_2 und H_2O (Gl. 3.7 und Gl. 3.8) sowie aus dem global überstöchiometrischen Motorbetrieb mit $\lambda > 1$. Aus der erstgenannten Sauerstoffquelle folgt, dass thermisches NO auch bei stöchiometrischer oder fetter Verbrennung entsteht. [44]

$$CO_2 \rightleftharpoons 2CO + \frac{1}{2}O_2 \qquad \text{Gl. 3.7}$$

$$H_2O \rightleftharpoons H_2 + \frac{1}{2}O_2 \qquad \text{Gl. 3.8}$$

In Tabelle 3.1 sind repräsentative Werte der reaktionskinetischen Konstanten zur Berechnung der Reaktionsgeschwindigkeiten aufgelistet. Es ist erkennbar, dass für die Einleitungsreaktion nach Gl. 3.2 ebenfalls eine sehr hohe Aktivierungsenergie erforderlich ist, da der molekulare Stickstoff eine überaus stabile Dreifachbindung besitzt und erst bei ausreichend hohen Temperaturen aufgebrochen werden kann. Aufgrund der geringen Reaktionsgeschwindigkeit von Gl. 3.6 wird die Einleitungsreaktion für die thermische NO-Bildung geschwindigkeitsbestimmend. [2]

Tabelle 3.1: Reaktionskinetische Konstanten nach *Urlaub* [45]

Reaktionsgeschwindigkeit	$A' \left[\frac{m^3}{kmol \cdot s} \right]$	$b \, [-]$	$E_A \left[\frac{kJ}{kmol} \right]$
$k_{1,v}$	$1.3 \cdot 10^{11}$	0	317849
$k_{1,r}$	$2.8 \cdot 10^{10}$	0	0
$k_{2,v}$	$6.4 \cdot 10^{6}$	1	26147
$k_{2,r}$	$1.5 \cdot 10^{6}$	1	163248
$k_{3,v}$	$4.2 \cdot 10^{10}$	0	0
$k_{3,r}$	$1.3 \cdot 10^{11}$	0	190102

Bei den vorliegenden Brennraumtemperaturen konkurriert der thermische Bildungsmechanismus mit der Verbrennung selbst, da die chemische Zeitskala der Einleitungsreaktion, bedingt durch die niedrige Reaktionsgeschwindigkeit (vgl. Tabelle 3.1 und Gl. 3.5), deutlich größer ist als die Verbrennungsdauer. Dies hat zur Folge, dass das chemische Gleichgewicht für die NO-Bildung infolge der kurzen Verbrennungszeit nicht erzielt werden kann. [2]

Aus Abbildung 3.5 geht hervor, dass die Annahme eines chemischen Gleichgewichts zu Beginn der Verbrennung viel höhere NO-Konzentrationen vorhersagt, als die Reaktionskinetik im Verhältnis zur schnelleren Verbrennung tatsächlich zulässt (ΔNO_a). Mit fortschreitender Verbrennung durchläuft die kinetisch gebildete NO-Konzentration ihr Maximum und sinkt mit geringer werdenden Temperaturen im Brennraum zu Beginn des Expansionstaktes leicht ab.

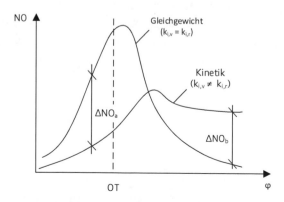

Abbildung 3.5: NO-Konzentration bei Gleichgewichtszustand bzw. kinetisch kontrollierter NO-Bildung [46]

Durch die weitere Verlagerung der Verbrennung in den Expansionstakt nehmen die Temperaturen ab (T < 2000 K), mithin werden die Rückreaktionen (vgl. Gl. 3.2 - 3.4) derart langsam, dass die NO-Konzentration, anders als im chemischen Gleichgewicht, nicht mehr abgebaut wird, sondern auf ihrem Niveau bleibt (ΔNO_b). [47]

Aus den vorangehenden Erläuterungen lassen sich die folgenden Haupteinflüsse auf die thermische NO-Bildung ableiten:

- Temperatur (für die Reaktionsgeschwindigkeit)
- Verweilzeit (Verhältnis Konzentrationsaufbau zu -abbau, ideal: Gleichgewicht)
- Spezieskonzentrationen (Reaktionspartner innerhalb der Zeldovich-Reaktionen)

Insgesamt entsteht thermisches NO kinetisch kontrolliert im heißen Abgas hinter der Flammenfront, da dort ausreichend hohe Temperaturen und ausreichend Sauerstoff vorhanden sind. In der Flammenfront selbst werden zwar deutlich höhere Spitzentemperaturen von ca. 2800 K erzielt, allerdings nur unter lokal leichtem Sauerstoffmangel ($\lambda_l \approx 0.95$), sodass die thermische NO-Produktion dort kaum ausgeprägt ist. [48]

Promptes NO
In der Flammenzone entsteht NO nach einem alternativen Reaktionsmechanismus, der nach seinem Entdecker *C. P. Fenimore* (1971) benannt ist.

Die NO-Bildung über diesen Mechanismus basiert hauptsächlich auf der Einleitungsreaktion freier Kohlenwasserstoffradikale mit molekularem Stickstoff. Die energetisch günstigste Reaktion verläuft nach Gl. 3.9, wobei die erforderliche Aktivierungsenergie (Gl. 3.10) sehr viel kleiner ist, als die der Einleitungsreaktion des thermischen Mechanismus (vgl. Tabelle 3.1). [49]

$$CH + N_2 \xrightarrow{k_{4,v}} HCN + \dot{N} \qquad \text{Gl. 3.9}$$

$$k_{4,v} = 3.12 \cdot 10^9 \cdot e^{\frac{-10130}{T}} \qquad \text{Gl. 3.10}$$

Aus diesem Grund verlaufen die Reaktionen im Fenimore-Mechanismus bereits bei moderaten Temperaturen ab ca. 1000 K extrem schnell ab, weshalb das dabei entstehende NO häufig als promptes NO bezeichnet wird. Dieser

Mechanismus spielt allerdings nur direkt in der fetten Flammenfront eine Rolle, da nur dort genügend CH-Radikale vorkommen. Der aus der Einleitungsreaktion (vgl. Gl. 3.9) resultierende, elementare Stickstoff kann bei ausreichendem Sauerstoffangebot anschließend über die Reaktion in Gl. (3.3) zu NO oxidieren. Der Cyanwasserstoff (HCN), auch Blausäure genannt, wird zeitgleich in ein komplexes Reaktionsschema eingebunden, aus dem u. a. ebenfalls elementarer Stickstoff hervorgeht, welcher analog zu Gl. (3.3) weiterreagieren kann. Die absolute Menge an NO, die nach diesem Mechanismus gebildet wird, ist aufgrund der geringen Radikalkonzentrationen sowie deren Konkurrenzreaktionen relativ gering (ca. 10 ppm). Hinzukommt, dass der Fenimore-Mechanismus bei den üblich herrschenden Spitzentemperaturen der Verbrennung im Vergleich zum thermischen Mechanismus von untergeordneter Bedeutung ist. [48]

Brennstoff NO
Die Konversion des im Brennstoff chemisch gebundenen Stickstoffs führt ebenfalls zur NO-Bildung. Die Reaktionskinetik wird nach *Warnatz et al.* (1993) durch Gl. 3.11 und Gl. 3.12 hinreichend gut beschrieben. Dabei ist festzuhalten, dass auch bei Luftüberschuss keine vollständige Oxidation des Brennstoff-N zu NO stattfindet (Gl. 3.11), sondern ein Teil zusammen mit bereits gebildetem NO zu N_2 umgesetzt wird (Gl. 3.12). Unter Luftmangel erfolgt die Konversion in NO über Zwischenprodukte wie NH_3 (Ammoniak) und HCN, wobei zu fette Gemische ($\lambda \approx 0.7$) dazu führen, dass Brennstoff-N direkt in N_2 umgewandelt wird.

$$\dot{N} + OH \rightleftharpoons NO + \dot{H} \qquad\qquad \text{Gl. 3.11}$$

$$\dot{N} + NO \rightleftharpoons N_2 + \dot{O} \qquad\qquad \text{Gl. 3.12}$$

Da heutige Brennstoffe nahezu keinen gebundenen Stickstoff mehr enthalten, ist der Brennstoff-Mechanismus im motorischen Betrieb zu vernachlässigen. [37,48]

NO aus N_2O - Mechanismus
N_2O (Distickstoffoxid), auch Lachgas genannt, entsteht nach Gl. 3.13 durch die Stoßreaktion von molekularem Stickstoff mit elementarem Sauerstoff, wobei hier ein Stoßpartner M stabilisierend wirkt und damit die direkte NO-Bildung unterdrückt.

$$N_2 + \dot{O} + M \rightleftharpoons N_2O + M \qquad \text{Gl. 3.13}$$

Der inerte Stoßpartner M lässt sich nach *Warnatz et al.* mittels Gl. 3.14 errechnen. Er senkt die Aktivierungsenergie in Gl. 3.13 deutlich herab. Definiert durch die Anzahl der Reaktionspartner, handelt es sich dabei um eine trimolekulare Reaktion, die aufgrund ihrer hohen Molekularität stark druckabhängig ist. [37]

$$[M] = [H_2] + 6.5[H_2O] + 0.4[O_2] + 0.4[N_2] + 0.75[CO] + 1.5[CO_2] + 3[CH_4]$$
$$\text{Gl. 3.14}$$

N_2O ist bei Temperaturen über 600 °C thermodynamisch instabil und zerfällt wieder in N_2. Bei niedrigen Temperaturen hingegen, kann es mit elementarem Sauerstoff zu NO reagieren (vgl. Gl. 3.15). Bedingt durch den trimolekularen Charakter, läuft auch diese Reaktion bevorzugt bei hohen Drücken ab. [48]

$$N_2O + \dot{O} \rightleftharpoons 2NO \qquad \text{Gl. 3.15}$$

Im dieselmotorischen Betrieb wird dieser Mechanismus dann interessant, wenn hohe Drücke und niedrige Temperaturen vorliegen, die den thermischen- bzw. prompten Mechanismus nicht begünstigen. Dies ist z. B. bei modernen Brennverfahren mit Abgasrückführung in der Volllast und sehr hohen Spitzendrücken der Verbrennung der Fall. [48, 50]

Stickstoffdioxid

Innermotorisch ist die Entstehung von NO_2 auf die Oxidation von NO bei niedrigen Flammentemperaturen zurückzuführen.

Gl. 3.16 beschreibt die Bildungsreaktion von NO_2 in der Flamme über die Oxidation des bereits dort gebildeten NO mit dem Hydroperoxylradikal HO_2. Gl. 3.17 und Gl. 3.18 beschreiben die Abbaureaktionen von NO_2, die bei hohen Temperaturen ablaufen und die bereits gebildete Konzentration an NO_2 wieder schnell verbrauchen.

In einem Temperaturbereich zwischen 600 K und 1200 K ist die NO_2-Bildungsreaktion von Bedeutung, da dort hohe Konzentrationen von HO_2 über den Reaktionsweg in Gl. 3.19 gebildet werden können. [48]

$$NO + HO_2 \rightleftharpoons NO_2 + OH \qquad\qquad Gl.\ 3.16$$

$$NO_2 + \dot{O} \rightleftharpoons NO + O_2 \qquad\qquad Gl.\ 3.17$$

$$NO_2 + \dot{H} \rightleftharpoons NO + OH \qquad\qquad Gl.\ 3.18$$

$$\dot{H} + O_2 + M \rightleftharpoons HO_2 + M \qquad\qquad Gl.\ 3.19$$

In Bereichen niedriger Temperaturen, wie beispielsweise herbeigeführt durch Quench-Effekte, Durchmischung mit „kaltem" Arbeitsgas, Abgasrückführung oder Schicht-/Magerbetrieb, können die kinetisch kontrollierten Abbaureaktionen nicht schnell genug ablaufen, sodass ein Konzentrationsaufbau an NO_2 hauptsächlich unter diesen Umständen zustande kommt. [50]

Im Abgas wiederum entsteht NO_2 über die Oxidation von NO mit molekularem Sauerstoff. Die dabei ablaufende trimolekulare Reaktion nach Gl. 3.20 ist exotherm und wird als *Bodenstein'sche* Gleichung bezeichnet. Mit sinkender Temperatur verschiebt sich das Gleichgewicht in Richtung NO_2. [51]

$$2NO + O_2 \rightleftharpoons 2NO_2 \qquad\qquad Gl.\ 3.20$$

Die Reaktionsrate von NO wird auf Basis von Gl. 3.20 durch die Differentialgleichung in Gl. 3.21 wiedergegeben. Dabei kennzeichnet das negative Vorzeichen den Verbrauch von NO.

$$\frac{d[NO]}{dt} = -2k_{5,v}[O_2][NO]^2 \qquad\qquad Gl.\ 3.21$$

Im Gegensatz zu Gl. 3.5 nimmt die Reaktionsgeschwindigkeit in diesem Fall mit sinkender Temperatur zu. Gl. 3.22 stellt diesen Sachverhalt in der Geschwindigkeitskonstanten $k_{5,v}$ dar.

$$k_{5,v} = 29.2 \cdot \frac{p^3}{T^3} \cdot e^{\frac{4404}{R_{Gas} T}} \qquad\qquad Gl.\ 3.22$$

Zusammen mit Gl. 3.21 ergibt sich daraus, dass folgende Randbedingungen die NO_2-Bildung begünstigen [50]:

- niedrige Temperaturen
- hohe Drücke
- lange Verweilzeiten
- hohe O_2- und NO-Konzentration

Abbildung 3.6 zeigt den Einfluss der Temperatur und der NO-Konzentration auf die NO_2-Bildung bei konstantem Sauerstoffgehalt. Daraus geht hervor, dass erst bei Temperaturen $600\,°C < T < 650\,°C$ die NO_2-Konzentration nennenswert ansteigt. Da die Abkühlzeiten im motorischen Betrieb für den NO_2-Aufbau relativ kurz sind, ergibt sich im Gegensatz zum NO ein geringer Anteil am Gesamt-NO_x. Nach *Pischinger et al.* ist dieser Anteil auf 5 % bis 15 % beziffert. *Kolar et al.* nennt einen Anteil von 10 % bis 40 %, der mit steigender Last und damit höheren Temperaturen auf 2 % bis 20 % zurückfällt. [48,51,52]

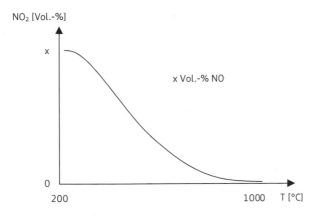

Abbildung 3.6: NO_2-Gleichgewichtskonzentration in AbhÃ¤ngigkeit von Temperatur und NO-Gehalt bei konstantem O_2-Gehalt von 20 Vol. −% [51]

3.2 Datenerfassung und -auswertung

3.2.1 Versuchsaufbau

Die folgenden Messungen und Versuche werden am Stationärprüfstand mit einer Wirbelstrombremse als Belastungseinheit durchgeführt. Die Prüfstandsteuerung wird dabei durch das System AVL PUMA umgesetzt, während die Kommunikation mit dem Steuergerät zur Parametrierung der Applikationsgrößen durch die Software INCA erfolgt. Das Prüfstandsystem kommuniziert mit INCA über die ASAM-MCD-3MC-Schnittstelle, sodass die Daten und Informationen der Prüfstandmesstechnik und die des Steuergeräts untereinander ausgetauscht werden. Zur Aufzeichnung der stationären Messdaten wird die Software CONCERTO des Herstellers *AVL* verwendet.

In Abbildung 3.7 ist der Versuchsaufbau eines V6-TDI Konzeptmotors dargestellt, auf dem die folgenden Messungen für die Erstellung des Rohstickoxid-Modells basieren. Technische Daten zu diesem Motor können Anhang A.2 entnommen werden. Alle wichtigen Aktuatoren, Messsysteme und Sensoren sind schematisch abgebildet.

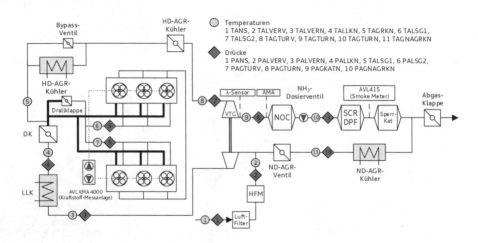

Abbildung 3.7: Versuchsaufbau und schematische Anordnung der Sensorik am V6-TDI Konzeptmotor

Um die Reproduzierbarkeit der Messungen sicherzustellen und Störeinflüsse zu minimieren, werden sowohl Umgebungstemperatur, -druck, Luftfeuchtigkeit, als auch die motorseitigen Wasser- und Öltemperaturen konditioniert. Dazu wird z. B. der im Fahrzeug verwendete, luftgekühlte Ladeluftkühler mit einem wassergekühlten Wärmetauscher ersetzt und die Wassertemperatur vom Prüfstandsystem drehzahlabhängig geregelt. Die angesaugte Frischluftmasse wird von einem Heißfilmluftmassenmesser (HFM), der hinter dem Luftfilter positioniert ist, erfasst, um die erforderlichen Einspritzmengen sowie die Abgasrückführrate und damit das gewünschte Luftverhältnis im Brennraum einzustellen. Dabei wird ein Hitzedrahtelement (Platindraht) elektrisch aufgeheizt und die Temperaturdifferenz zwischen dem Draht und dem Luftstrom auf einen konstanten Wert geregelt. Der dafür erforderliche Heizstrom ist ein Maß für die Luftmasse, die angesaugt wird.

Die Kraftstoffverbrauchsmessung erfolgt mit Hilfe einer Kraftstoffmessanlage (KMA) der Firma *AVL*, die zur Vorkonditionierung des Kraftstoffs eingesetzt wird. Die volumetrische Messung erfolgt auf Basis eines servogeregelten Zahnradzählers mit Impulsgeber, der das drehzahlproportionale Verhältnis zwischen Kraftstoff-Volumenstrom und Pulsfrequenz definiert.

Zur Untersuchung der Verbrennung werden die Glühstifte im Motor durch wassergekühlte Quarzdruckaufnehmer der Firma *Kistler* ersetzt, die die piezoelektrischen Effekte der Quarzkristalle auf den Elektrodenflächen nutzen, wenn sie zur Polarisation mechanisch beansprucht werden. Die an den Signalverstärker übermittelten Indizierdaten werden dann durch das Softwarepaket IndiCom des Herstellers *AVL* ausgewertet und als Druckverlauf in Abhängigkeit vom Kurbelwinkel grafisch aufbereitet. Der gemessene Zylinderdruckverlauf dient insbesondere zur Bestimmung der genauen Energieumsetzung im Brennraum. Außerdem dient die Indizierung zur Online-Überwachung des maximal zulässigen Zylinderdrucks im Brennraum.

Abgasmesstechnik
Für die wesentlichen Abgasmessungen kommt eine Abgasmessanlage (AMA) vom Typ MKS MultiGas Analyzer 2030 der Firma *AMIUM GmbH* zum Einsatz. Das Gasanalysegerät nutzt zur simultanen Analyse von mehr als 30 nichtsymmetrischen, molekularen Gasen die Fourier-Transformierte-Infrarot-Spektroskopie (FTIR) mit einer Messwertaktualisierung von 1 Hz. Das Messprinzip basiert auf der Eigenschaft von Gasen, durch Gitteranregungen elektromagnetische Strahlung im infraroten Spektralbereich zu emittieren. Der schematische Aufbau einer Fourier-Spektrometrie ist Abbildung 3.8 zu entnehmen.

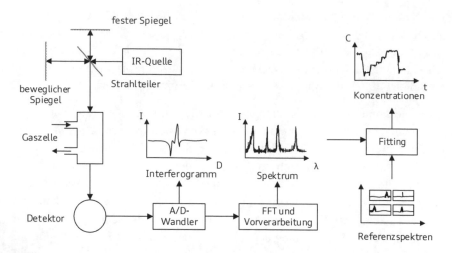

Abbildung 3.8: Aufbau eines FTIR-Spektrometers [53]

Die Strahlung einer breitbandigen Infrarotquelle wird an einem Strahlteiler in zwei Segmente unterteilt, wobei ein Teilstrahl an einem festen und der andere an einem beweglichen Spiegel reflektiert wird. Beide Strahlen überlagern sich anschließend wieder am Strahlteiler. Die Interferenz der unterschiedlichen Wellenlängen hängt dabei von der Wegdifferenz beider Teilstrahlen ab, die durch den beweglichen Spiegel verändert werden kann. Die eine Hälfte der modulierten Strahlung wandert anschließend zur Quelle zurück, während die übrige Hälfte durch die Gaszelle geleitet und durch die Absorption der Gasprobe geschwächt wird. Die Strahlungsintensität I wird anschließend in einem Interferogramm als Funktion des Gangunterschiedes D aufgezeichnet und dann einer Spektralanalyse unterzogen. Mit Hilfe von Referenzspektren werden die Komponentenkonzentrationen C der Gasprobe abgeleitet. Allerdings ist mit diesem Messprinzip keine Messung der Doppelmoleküle O_2 und H_2 möglich. [53]

Zusätzlich zur Abgasmessanlage wird ein separater CO_2-Analysator der Firma *Amluk* zur Bestimmung der CO_2-Konzentration im Saugrohr eingesetzt (vgl. Abb. 3.7). Alternativ zur Messung des Sauerstoffpartialdrucks über die im Abgasstrang verbaute Breitbandlambdasonde der Firma *Bosch*, lässt sich das Verbrennungsluftverhältnis λ auch über den CO_2-Gehalt berechnen. Der Restgasanteil aus der Abgasrückführung wird über das Verhältnis der im Saugrohr gemessenen CO_2-Konzentration zu der in der Abgasmessanlage ermitteln.

Als weitere Abgasmesstechnik hinter dem Oxidationskatalysator kommen ein
Rauchwertmessgerät (AVL 415 Smokemeter) zur Erfassung des Rußgehaltes
im Abgas. Ein von einer saugenden Membranpumpe entnommener Abgasteil-
strom passiert den Smokemeter und wird dabei durch ein Filterpapier gesaugt.
Die Filterschwärzung wird optoelektronisch mit Hilfe eines Reflexionsphoto-
meters erfasst und als sogenannte Filterschwärzungszahl (FSN) ausgegeben,
die eine Kennziffer für den Rußgehalt darstellt. Alternativ kann der Rußgehalt
direkt als berechnete Partikelemission in der Einheit [g/h] zur Verfügung gestellt werden. Der Smokemeter verfügt über eine hohe Messwertauflösung im
Bereich 0.001 FSN bzw. $10 \, \mu g/m^3$.

3.2.2 Versuchsdesign

Unter Variationsparameter sind Eingangsgrößen der Versuchsplanung zu verstehen, die die ausgewählte(n) Zielgröße(n) beeinflussen. In dieser Arbeit wird
die vom Sensor gemessene NO-Rohemissionskonzentration (vgl. Kap. 3.1.2)
als Zielgröße vereinbart. Die Variationsparameter, die innerhalb des Versuchsraums optimal gelegt werden, sowie die NO-Konzentration als Zielgröße sind
in Tabelle 3.2 aufgeführt.

Tabelle 3.2: Definition der Versuchsparameter für die Versuchsplanung

Variationsparameter	MSG-Bezeichnung	Einheit
Drehzahl	Epm_nEng	min^{-1}
VTG-Position	TrbCh_rDesVal	%
Raildruck	Rail_pSetPointBase_C	hPa
Einspritzmenge HE	InjCrv_qMI1Des_C	mg/Hub
Einspritzmenge Pil_1	InjCrv_qPil1Des_C	mg/Hub
Einspritzmenge Pil_2	InjCrv_qPil2Des_C	mg/Hub
Ansteuerbeginn HE	InjCrv_tiMI1Des_C	µs
Ansteuerbeginn Pil_1	InjCrv_tiPil1Des_C	µs
Ansteuerbeginn Pil_2	InjCrv_tiPil2Des_C	µs
Zielparameter		
NO-Konzentration (Roh)	Com_rNox_Ds	ppm

Neben der Drehzahl als Parameter zur Abbildung der Gemischbildungszeit
werden die Applikationsparameter VTG-Position des Turboladers zur Einstel-
lung des Ladeluftdrucks und der Raildruck als Kenngröße der Zylinderfüllung
und der primären Gemischaufbereitung (vgl. Kap. 3.1.1) herangezogen. Für
die NO-Bildung sind in diesem Zusammenhang die Zylinderladung bzw. die
Sauerstoffmasse, die nicht als Sollwert an die Motorsteuerung übergeben werden können, von Bedeutung. Durch die Anbindung des Indiziersystems an die
Prüfstandautomatisierung ist es möglich, die Lage des Verbrennungsschwer-
punkts als Variationsparameter zur Abbildung des thermischen Wirkungsgrades der Verbrennung heranzuziehen. Der Ansteuerbeginn der Haupteinsprit-
zung dient dabei als Stellparameter für die zylinderdruckbasierte Verbrennungs-
lageregelung. Darüber hinaus werden Lage und Einspritzmengen der Voreinspritzungen als einflussgebende Applikationsgrößen auf den chemischen Zündverzug (vgl. Kap. 3.1.1) und damit auf den Brennverlauf variiert. Durch zusätzliche Voreinspritzungen werden die temperaturabhängigen, chemischen Vorreaktionen beschleunigt, sodass die emissionsrelevanten Druck- und Temperatur-
gradienten zu Beginn der vorgemischten Verbrennungsphase abnehmen. Wobei absolute Druck- und Temperaturmaxima der Vormischverbrennung abnehmen. Dies hat unmittelbare Auswirkungen auf die thermische NO-Bildung, die
insbesondere temperaturabhängig ist (vgl. Kap. 3.1.2). Die vorgestellte Aus-
wahl an Variationsparametern berücksichtigt insgesamt die Haupteinflüsse auf
den thermischen und prompten NO-Bildungsmechanismus. Dennoch sei darauf hingewiesen, dass die applikativen Stellgrößen nicht als Modellparameter
fungieren, sondern vielmehr die Messbasis für die nachgelagerte Druckverlaufsanalyse liefern, aus der schließlich physikalische Modellparameter zur
Beschreibung der reaktionskinetisch relevanten Vorgänge abgeleitet werden.

Für die Modellbildung wird der aktuelle V6-TDI Konzeptmotor herangezogen (siehe technische Daten im Anhang A.2). Der Versuchsraum beschränkt
sich dabei auf den Kennfeldbereich mit Drehzahlen zwischen $750\,\text{min}^{-1}$ und
$2250\,\text{min}^{-1}$. Der Lastbereich erstreckt sich dabei nicht bis zur Volllastgrenze.
Ein großer Teil des Versuchsraums deckt den wesentlichen Betriebsbereich
mit Abgasrückführung ab. Insgesamt werden 400 Betriebspunkte vermessen.
Die Messbasis für die Modellvalidierung, die aus einer separaten Kennfeld-
messung hervorgeht und nicht in die Modellbildung integriert wird, erstreckt
sich über 190 Betriebspunkte. Abb. 3.9 gibt eine Übersicht über den DoE-
Versuchsraum und den Validierungsbereich.

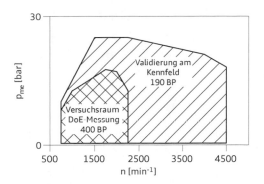

Abbildung 3.9: Versuchsraum V6-TDI Konzeptmotor

Der Versuchsraum wird mit Hilfe eines d-optimalen Versuchsplans computer-
gestützt vermessen. Die Methode legt die Anordnung der abzufahrenden Messpunkte zufällig fest, um unkontrollierbare Einflüsse wie z. B. Schwankungen
der Umgebungsparameter zu egalisieren. Weiterhin werden einzelne Punkte
mehrfach vermessen, sodass unerwartete Störeinflüsse und Messabweichun-
gen identifiziert werden. Insgesamt werden nach Abzug der Wiederholpunkte
400 Betriebspunkte d-optimal vermessen, wobei die Variationsparameter aus
Tabelle 3.2 mit unterschiedlichen Faktorstufen (von 2 bis 10) unterteilt werden. Nähere Details zum d-optimalen Verfahren können in [54] nachgelesen
werden.

3.3 Stickoxidmodellierung

Ausgehend vom erweiterten Zeldovich-Mechanismus werden die Zeitgesetze
zur Berechnung der einzelnen Reaktionsraten nach Gl. 3.23 - Gl. 3.25 aufgestellt. Dabei wird die Annahme getroffen, dass die Rückwärtsreaktionen
sehr viel langsamer ablaufen als die Vorwärtsreaktionen, was zur Konsequenz
hat, dass sie in der weiteren Berechnung vernachlässigt werden. Ein Vergleich
der Reaktionsgeschwindigkeiten der Vorwärts- und Rückwärtsreaktionen unter Verwendung von Tabelle 3.1 lässt dies zu. [39]

$$\frac{d[NO]}{dt}\bigg|_{Gl.3.2} = k_{1,v}[N_2][\dot{O}] \qquad\qquad \text{Gl. 3.23}$$

$$\frac{d[NO]}{dt}\bigg|_{Gl.3.3} = k_{2,v}[\dot{N}][O_2] \qquad\qquad \text{Gl. 3.24}$$

$$\frac{d[NO]}{dt}\bigg|_{Gl.3.4} = k_{3,v}[\dot{N}][OH] \qquad\qquad \text{Gl. 3.25}$$

Die einzelnen Reaktionsraten werden schließlich zur Gesamtreaktionsrate $\frac{d[NO]}{dt}$ in Gl. 3.26 zusammengefasst, zusätzlich sei die Reaktionsrate von atomarem Stickoxid in Gl. 3.27 aufgeführt. Die Vorzeichen kennzeichnen dabei den Verbrauch bzw. die Bildung der jeweiligen Spezies und ergeben sich aus den entsprechenden Zeldovich-Reaktionen.

$$\frac{d[NO]}{dt} = k_{1,v}[N_2][\dot{O}] + k_{2,v}[\dot{N}][O_2] + k_{3,v}[\dot{N}][OH] \qquad \text{Gl. 3.26}$$

$$\frac{d[\dot{N}]}{dt} = k_{1,v}[N_2][\dot{O}] - k_{2,v}[\dot{N}][O_2] - k_{3,v}[\dot{N}][OH] \qquad \text{Gl. 3.27}$$

Als weitere Vereinfachung dient die Annahme des partiellen Sauerstoffgleichgewichts, dass sich in diesem Fall auf die Reaktion der für die Rauchgaskalorik notwendigen Spezieskonzentration bezieht.

$$\dot{O} \rightleftharpoons \frac{1}{2}O_2 \qquad\qquad \text{Gl. 3.28}$$

Die atomare Sauerstoffkonzentration $[\dot{O}]$ lässt sich aus der Gleichgewichts (GG)-Annahme unter Kenntnis der Gleichgewichtskonzentration K_c aus Tabellenwerken berechnen. [39, 52]

$$\frac{[\dot{O}]}{[O_2]^{0.5}} = K_c \qquad\qquad \text{Gl. 3.29}$$

Die Betrachtung der Geschwindigkeitsskalen der Zeldovich-Reaktionen unter Verwendung von Tabelle 3.1 ergibt, dass der in der langsamen Einleitungsreaktion gebildete Stickstoff $\dot{N}$ in der sehr viel schnelleren Folgereaktion sofort wieder verbraucht wird. Dies lässt die Vereinfachung in Gl. 3.30 zu, wonach sich atomarer Stickstoff im quasistationären Zustand befindet.

$$\frac{d[\dot{N}]}{dt} \approx 0 \qquad \text{Gl. 3.30}$$

Unter Nutzung der Quasistationäritätsannahme lässt sich die atomare Stickstoffkonzentration aus Gl. 3.27 berechnen [39, 55]:

$$[\dot{N}] = \frac{k_{1,v}[N_2][\dot{O}]}{k_{2,v}[O_2] + k_{3,v}[OH]} \qquad \text{Gl. 3.31}$$

Einsetzen von Gl. 3.31 in Gl. 3.26 ergibt zusammen mit den übrigen Annahmen das vereinfachte, reaktionskinetische NO-Modell [39, 56, 57].

$$\frac{d[NO]}{dt} = 2 \cdot k_{1,v}[N_2]_{GG} K_c [O_2]_{GG}^{0.5} \qquad \text{Gl. 3.32}$$

Mit den bisher getroffenen Annahmen kann die NO-Bildungsrate nach Gl. 3.32 auf rein physikalischer Basis zurückgeführt werden auf:

1. eine Funktion der Reaktionsgeschwindigkeit k_1 und damit der maximalen Temperatur, welche die der verbrannten Zone entspricht,

2. der N_2-Konzentration, welche als Inertgas gilt und daher direkt über das globale Luftverhältnis λ_g berechnet werden kann und

3. der O_2-Konzentration, hier im Folgenden mit w_{O_2} bezeichnet.

3.4 Druckverlaufsanalyse

Zur thermochemischen Stickoxidmodellierung wird in der Literatur die Reaktionskinetik von thermischem NO berechnet, da dieser Mechanismus den Großteil der Stickoxide (bis zu 95 %) beim Dieselmotor ausmacht (vgl. Kap. 3.1.2). Danach erfordert die NO-Bildung gemäß den Zeldovich-Reaktionen sehr hohe Temperaturen, die in bzw. um die Flammenfront herrschen. Wird die mittlere Brennraumtemperatur ($T < 2000$ K) aus einer Einzonenrechnung zugrunde gelegt, führt dies dazu, dass das Reaktionsschema bei derart niedrigen Temperaturen nicht durchführbar ist. [50]

Zu diesem Zweck sind thermodynamische Berechnungen notwendig, die mit Hilfe vom ersten Hauptsatz der thermischen Zustandsgleichung und einer Massenbilanz durchgeführt werden. Zur Berechnung der für die Reaktionskinetik erforderlichen Temperatur in der verbrannten Zone, ist die Umsetzung chemisch gebundener Kraftstoffenergie in Verbrennungsprodukte, ausgedrückt im Brennverlauf $\frac{dQ_B}{d\varphi}$, zu ermitteln. Unter Modellannahmen lässt sich dieser aus einem gemessenen Zylinderdruckverlauf berechnen. Die Druckverlaufsanalyse (DVA) hat sich hierbei als effizientes Werkzeug zur Analyse der Verbrennung sowie zur Abstimmung simulierter Verbrennungsmodelle etabliert. In Gl. 3.33 ist für eine einzonige Druckverlaufsanalyse der erste Hauptsatz der Thermodynamik in differentieller Form dargestellt. [56, 58]

$$\frac{dQ_b}{d\varphi} = p \cdot \frac{dV}{d\varphi} - \sum_i \frac{dH_i}{d\varphi} - \sum_j \frac{dQ_{W_j}}{d\varphi} + u \cdot \frac{dm_B}{d\varphi} + m_B \cdot \frac{du}{d\varphi} \qquad \text{Gl. 3.33}$$

Für eine zweizonige Druckverlaufsanalyse, wird Gl. 3.33 für jede Zone aufgestellt. Dabei ist davon auszugehen, dass der Wärmestrom $\frac{dQ_b}{d\varphi}$ vollständig der verbrannten Zone zugeführt wird. Die innere Energie u lässt sich über verschiedene Kalorikansätze ermitteln [58]. Im Hochdruckprozess beschränkt sich die Summe der ein- und ausgehenden Enthalpieströme auf den Leckagestrom $\frac{dH_i}{d\varphi}$. Der Kraftstoffmassenstron m_B fließt separat in die Bilanz mit ein und wird nicht unter den Enthalpieströmen mit aufgeführt. Zur Berechnung der Wandwärmeströme $\frac{dQ_{W_j}}{d\varphi}$ können bekannte Wandwärmemodelle nach *Woschni* [59], *Hohenberg* [60], *Huber* [61] oder *Bargende* [62] verwendet werden. Zusammen mit zwei thermischen Zustandsgleichungen (eine pro Zone) ergeben sich vier partielle Differentialgleichungen für die vier Unbekannten $\frac{dQ_b}{d\varphi}$, T_{uv}, T_v und $\frac{dV_{uv}}{d\varphi}$. Allerdings erfolgt die zweizonige Rechnung erst ab Brennbeginn, da andernfalls das zu lösende DGL-System durch die Annahme einer negativen, verbrannten Masse instabil wird. Um dies zu verhindern, wird bis Brennbeginn einzonig gerechnet. [58]

Für die DVA und die im späteren Verlauf angewandte Verbrennungsmodellierung wird der FkfsUserCylinder als Tool verwerndet. Um die Temperatur der verbrannten Zone T_{VZ} aus der DVA besser abzustimmen, werden die vom UserCylinder berechneten NO-Konzentrationen an die gemessenen Konzentrationswerte angepasst. Die Abstimmung erfolgt dabei dem Vorbild des von *Kõzuch et al.* integrierten Abstimmparamaters c_g der anhand einer Regelung der Zumischung unverbrannter, heißer Luft an der Flammenfront vorbei in die verbrannte Zone über mehrere, repräsentative Betriebspunkte abgestimmt wird. Der Zumischstrom ist phänomenologisch definiert und wird nach folgender Formel berechnet. [63]

$$g = c_g \cdot \rho_{uv} \cdot u_{\text{Turb,g}} \cdot V_v^{\frac{2}{3}} \cdot \text{Anz}_D + c_{ga} \cdot \frac{dm_B}{d\varphi} \cdot 6 \cdot n \qquad \text{Gl. 3.34}$$

Hierbei definiert g den Zumischmassenstrom ins Verbrannte, ρ_{uv} die Dichte des unverbrannten Gemisches, $u_{\text{Turb,g}}$ die Turbulenzgeschwindigkeit der Funktion g, V_v das Volumen des verbrannten Gases, Anz_D die Anzahl der Löcher der Einspritzdüsen und $\frac{dm_B}{d\varphi}$ den umgesetzten Brennstoffmassenstrom. Die Konstante c_{ga} berücksichtigt die Gewichtung einer brennverlaufsproportionalen Verbrennungsturbulenz der Zumischung. [63]

3.5 Parameterabstimmung

In diesem Abschnitt werden Funktionen vorgestellt, mit denen die Einflüsse einzelner, relevanter Parameter abgebildet werden können. Gemäß Gl. 3.32 fließen zunächst die wichtigsten Parameter ein, die zur thermischen NO-Formation beitragen.

Die Abhängigkeit der Reaktionsgeschwindigkeit k_1 wird nach Vorbild der Arrheniusgleichung modelliert. Diese drückt die NO-Bildungsrate aus, welche bei sehr hohen Temperaturen der verbrannten Zone ihr Maximum und damit eine Sättigung erreicht. Dort in der Sättigung wird das maximal mögliche Maß an absolutem NO produziert, das formelmäßig auf Basis einer Temperaturabhängigkeit möglich ist.

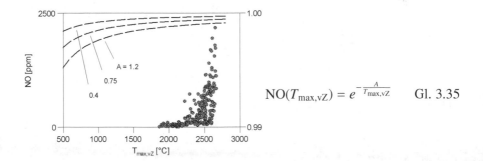

$$NO(T_{\text{max,vZ}}) = e^{-\frac{A}{T_{\text{max,vZ}}}} \qquad \text{Gl. 3.35}$$

Abbildung 3.10: Einfluss: Temperatur der verbrannten Zone

Die Betrachtung der vereinfachten Reaktionskinetik in Gl. 3.32 ergibt, dass die Sauerstoffkonzentration als weiterer Haupteinflussparameter identifiziert wird. Interessant ist in diesem Zusammenhang die Konzentration im Zylinder nach Abschluss des Ladungswechsels (bei ES), da sich diese durch die Abgasrückführung entscheidend verändert. Letztere ist eine bekannte Maßnahme zur Emissionssenkung, wobei ein Teil der Ladeluft durch Inertgase wie N_2, CO_2 und H_2O ersetzt wird. Durch die Abnahme der Frischluftmenge nimmt auch der Sauerstoffanteil der Zylinderladung ab. Durch die Ladungsverdünnung mit AGR sinkt die Verbrennungsgeschwindigkeit, sodass Temperaturspitzen vermindert werden. Zusammen mit den hohen, molaren Wärmekapazitäten der Inertgase nimmt das absolute Temperaturniveau in der Reaktionszone ab. Der Massenanteil für $[O_{2,Zyl}]$ lässt sich in Abhängigkeit der AGR-Rate wiedergeben. Dabei bezeichnet $[O_{2,FL}]$ den gravimetrischen Sauerstoffgehalt der Frischluft.

$$[O_{2,Zyl}] = \frac{m_{O_2,Zyl}}{m_{Zyl}} = \frac{[O_{2,FL}] \cdot m_{l,uv}}{m_{Zyl}} = [O_{2,FL}] \cdot (1 - AGR) \qquad \text{Gl. 3.36}$$

Die im Zylinder nach Abschluss des Ladungswechsels vorhandene Sauerstoffkonzentration $w_{O_2,Zyl}$ wird zur Sauerstoffkonzentration der Umgebungsluft $w_{O_2,FL}$ ins Verhältnis gesetzt. Ein Exponentialansatz hat sich dabei als geeignet erwiesen.

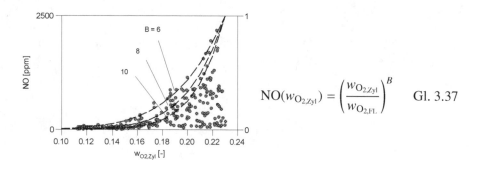

$$NO(w_{O_2,Zyl}) = \left(\frac{w_{O_2,Zyl}}{w_{O_2,FL}}\right)^B \qquad \text{Gl. 3.37}$$

Abbildung 3.11: Einfluss: Sauerstoffkonzentration

Reaktionskinetische Studien von *Hohlbaum* und *Gärtner* weisen darauf hin, dass die NO-Bildung auch bei konstanter Reaktionstemperatur vom lokalen Verbrennungsluftverhältnis entscheidend abhängt [50, 64]. Eine Abmagerung führt dazu, dass sich die Ladungsmasse und damit der Radikalpool vergrößern, wodurch die NO-Bildung begünstigt wird. Da innerhalb der DoE-Messpunkte alle Parameter linear abhängig voneinander sind, ist eine reine Abhängigkeit des Luftverhältnisses von der NO-Bildung nicht möglich. Nach *Pischinger et al.* wird der Verlauf als eine Glockenfunktion beschrieben, die ihren maximalen Einfluss auf die NO-Emission bei lokalem Luftverhältnis $\lambda_l = 1.1$ hat, dort wo die Zonentemperatur sehr hoch ist und gleichzeitig genügend Sauerstoffangebot für eine Reaktion vorliegt [52]. Nach *Kaal et al.* entspricht dies etwa einem globalen Luftverhältnis von $\lambda_g = 1.27$, welches sich von $\lambda_l = 1.1$ aufgrund nicht idealer Vermischung des Luft-Kraftstoffgemisches unterscheidet [65]. Für die vorhandenen Messwerte hat es sich als geeignet erwiesen, das Maximum bei $\lambda_g = 1.15$ festzulegen. Über den Parameter C kann der Gradient der Glockenfunktion abgestimmt werden.

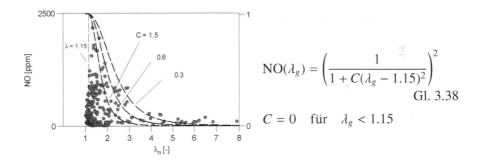

$$NO(\lambda_g) = \left(\frac{1}{1 + C(\lambda_g - 1.15)^2} \right)^2$$
$$\text{Gl. 3.38}$$
$$C = 0 \quad \text{für} \quad \lambda_g < 1.15$$

Abbildung 3.12: Einfluss: Luftverhältnis

Neben den physikalischen Eingangsparametern fließen zwei weitere empirische Größen mit ein, die für die NO-Bildung relevante Einflüsse aus der Verbrennung mit berücksichtigen können. Die Reaktionsrate aus Gl. 3.32 wurde zunächst unter der Annahme von positiven Reaktionsraten getroffen. Um einen möglichen Konzentrationsrückgang des Stickoxids zu berücksichtigen soll an dieser Stelle die Brenndauer und somit die Verweilzeit im Brennraum für mögliche Dissoziationseffekte herangezogen werden [50].

Untersuchungen haben gezeigt, dass im anwendungsüblichen Applikationsbereich des Motors die maximale Zonentemperatur in der Nähe des Umsatzschwerpunktes liegt. Desweiteren ist bekannt, dass unterhalb von 2000 K die Rückreaktionen zum Einfrieren kommen. Abb. 3.13 zeigt, dass die Brenndauer zwischen der 50 %- und der 90 % Umsatzrate (BD_{50-90}) eine sehr repräsentative Zeitskala wiedergibt, innerhalb dessen eine Rückreaktion des Stickoxids stattfindet.

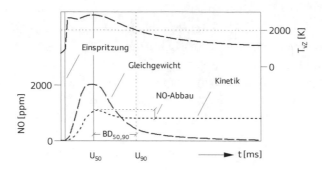

Abbildung 3.13: Berücksichtigung der NO-Abbaureaktion

Mit der Berücksichtigung von BD_{50-90} wird darüber hinaus die Charakteristik der Verbrennung mit berücksichtigt. Eine Verbrennung mit niedrigem Diffusionsanteil etwa, hat einen zeitlich kurzen Abbrand. Folglich ist während der Verbrennung die Verweilzeit für eine mögliche NO-Abbaureaktion geringfügig vorhanden. Im anderen Fall, bei einem hohen Diffusionsanteil, können Abbauprozesse auf Grund höherer Verweilzeiten stärker greifen. Abb. 3.14 zeigt einen exponentiellen Abbauterm, der hierfür gewählt wurde.

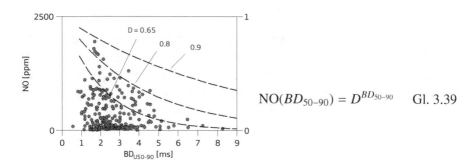

$$\text{NO}(BD_{50-90}) = D^{BD_{50-90}} \qquad \text{Gl. 3.39}$$

Abbildung 3.14: Einfluss: Brenndauer zwischen Umsatzpunkt 50 % und 90 %

Als weitere empirische Eingangsgröße wird die Schwerpunktlage U_{50} (50 % Energieumsatzlage) der Verbrennung herangezogen. Diese ist ein häufig genutzter Kennwert zur Charakterisierung der motorischen Energieumwandlung und damit des thermischen Wirkungsgrades. In der Nähe des oberen Totpunktes (OT) konvergiert die Volumenarbeit gegen 0, insbesondere gilt bei OT, dass keine Volumenänderung auftritt ($dV = 0$). Unter der Annahme adiabater Bedingungen bewirkt der Energieumsatz im OT ausschließlich die Erhöhung der inneren Energie dU des Arbeitsmediums. Diese wiederum ist eine für die NO-Bildung entscheidende Funktion von Temperatur, Druck und Gaszusammensetzung. [50]

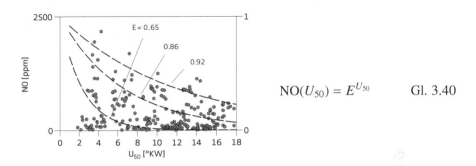

$$NO(U_{50}) = E^{U_{50}} \qquad Gl.\ 3.40$$

Abbildung 3.15: Einfluss: Verbrennungsschwerpunkt

Die herangezogenen Glieder der Einzelterme werden in einem Produkt-Ansatz zusammengeführt. Gleichung 3.41 gibt die allgemeine Formulatur wieder. Der Faktor N_0 wird für eine gemeinheitliche Skalierung des gesamten NO-Niveaus eingeführt. Der Parameter F_{Mot} stellt einen motorabhängigen Abstimmparameter zur Verfügung, auf dessen Basis eine mögliche, motorspezifische Abstimmung vorgenommen werden kann. Zur Ermittlung der unbekannten Parameter NO_0 und $A - E$ wird die kleinste Fehlerquadratmethode auf Basis einer Levenberg-Marquadt-Optimierung durchgeführt.

$$NO = F_{\text{Mot}} \cdot \left[NO_0 \cdot e^{-\frac{A}{T_{\max,vZ}}} \cdot \left(\frac{w_{O_2,Zyl}}{w_{O_2,L}} \right)^B \cdot \left(\frac{1}{1 + C(\lambda_g - 1.15)^2} \right)^2 \cdot D^{BD_{50-90}} \cdot E^{U_{50}} \right]$$

$$Gl.\ 3.41$$

$$NO_0 = 5248\,\text{ppm}, A = 0.714, B = 8, C = 0.45, D = 0.957, E = 0.929$$

Die folgende Validierung gibt die Güte des Modells wieder, anhand dessen das Modell aufgebaut wurde. Mit einem Bestimmtheitsmaß von $R^2 = 92\,\%$ und einer mittleren, absoluten Abweichung RMSE = 117 ppm können die NO-Werte der 400 Betriebspunkte aus der DoE-Messung abgebildet werden.

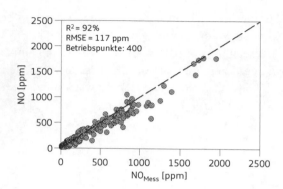

Abbildung 3.16: Validierung an Trainingsdaten

3.6 Validierung

Im folgenden soll das erstellte NO-Modell sowohl für stationäre Betriebspunkte, als auch im dynamisch Betrieb für eine Bewertung im Hinblick seiner Vorhersagefähigkeit validiert werden.

Stationär

Abb. 3.17 stellt die Betriebspunkte des gesamten Motorkennfeldes dar, die am Trainingsmotor vermessen wurden. Mit einer Güte von $R^2 = 92\,\%$ und einem RMSE $= 177$ ppm zeigt das Modell eine sehr gute Übereinstimmung. Vor allem unter dem Augenmerk, dass der Trainingsbereich nur einen kleinen Anteil des gesamten Motorkennfeldbereiches ausmacht (vgl. Abb. 3.9), zeigt das Modell eine hohe Extrapolationsfähigkeit.

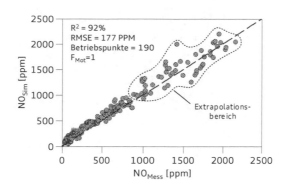

Abbildung 3.17: Modellvalidierung im gesamten Kennfeldbereich (V6-TDI Konzeptmotor)

Der V6-TDI Konzeptmotor (170 kW), anhand dessen das NO-Modell aufgestellt wurde, besitzt im Vergleich zum aktuellen Serienmotor V6-TDI-Gen2evo LK2-Motor (200 kW) (siehe technische Daten im Anhang A.1) neben einigen Optimierungen als Hauptveränderungsmerkmal ein Niederdruck AGR-Konzept, das Audi Valvesystem-Konzept (zweistufiges Nockensystem auf der Ein- und Auslassseite), eine Effizienzvariante des Turboladers und den Einbau von Stahlkolben als Ersatz für die Aluminiumkolben. Vor allem aufgrund der unterschiedlichen Kolbenwerkstoffe wird die Verbrennung dadurch beeinflusst.

An diesem Motor wurde an 260 Betriebspunkten eine DVA durchgeführt (vgl. Kapitel 3.4). In Abbildung 3.18 ist die Modellvalidierung am stationären Motorkennfeld dargestellt. Mit einem Bestimmtheitsmaß von $R^2 = 89\%$ und einem RMSE = 195 ppm liefert das semiphysikalische Modell eine sehr gute Modellübertragbarkeit. Mit einer Anpassung des Abstimmparameters $F_{Mot} = 1.01$, weicht dieser nur geringfügig vom Wert 1 ab.

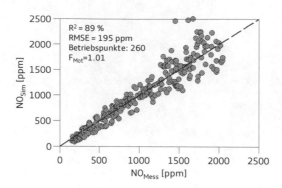

Abbildung 3.18: Modellvalidierung am Fremdmotor I (V6-TDI-Gen2evo)

Eine weitere, stationäre Validierung zeigt Abbildung 3.19. Die Grundlage dafür bilden 110 Betriebspunkte des stationären Kennfeldes des V8-TDI-Gen3-Motors (siehe technische Daten im Anhang A.3), die auch hier zur Bereitstellung der eingehenden Größen einer DVA unterzogen wurden. Mit einem Bestimmtheitsmaß von $R^2 = 88\%$ und einem RMSE = 208 ppm bestätigt sich die hohe Vorhersagequalität des semiphysikalischen Modells. F_{Mot} liegt auch hier mit dem Wert 1.02 sehr nahe am Wert 1.

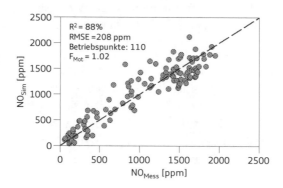

Abbildung 3.19: Modellvalidierung am Fremdmotor II (V8-TDI-Gen3)

Im Folgenden soll anhand des Trainingsmotors und der Validierungsmotoren eine Gegenüberstellung des semiphisikalischen NO-Modells und mathematischen NO-Modellen gemacht werden, so wie sie standardgemäß bei der Vorentwicklung der Audi AG eingesetzt werden. Diese Modelle werden anhand von Gauß-Funktionen erzeugt, so wie im Kapitel 1.4.3 vorgestellt.

Dabei werden zwei unterschiedliche Verfahren präsentiert, die zeigen, wie ein solcher Gaußprozess prinzipiell aufgebaut werden kann. Die erste Methode fußt auf prüfstandsbezogene Eingangsdaten. Diese bestehen aus der Motordrehzahl, der Sauerstoffkonzentration, der Zylindergesamtladung, der Kraftstoffmasse, der 50 %-Verbrennungsschwerpunktlage und des Raildrucks.[16] Ein solches Modell wird mit der Benutzersoftware ASCMO des Herstellers *ETAS* generiert. Die Ergebnisse sind in Abb. 3.20 als schwarze Balken dargestellt.

Die zweite Methode basiert auf einem Gauß-Modell, welches dieselben physikalischen Eingangsparameter besitzt, wie das vorgestellte NO-Modell, welche aus einer zweizonigen DVA ermittelt werden (vgl. Kapitel 3.5). Dadurch wird ein Modell antrainiert, welches mit den Eingangswerten identisch ist. Seine Ergebnisse sind in den grauen Balken dargestellt.

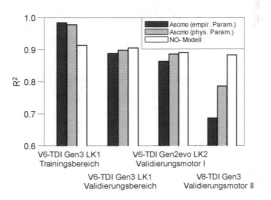

Abbildung 3.20: Vergleich der Übertragbarkeit (Statistisches Modell gegen Semiphisikalisches NO-Modell)

Es ist deutlich zu erkennen, dass die mathematischen Modelle am Trainingsmotor, auf dem sie abgestimmt werden, eine sehr hohe Modellgüte mit einem Bestimmtheitsmaß nahe 1 erlangen. Bereits an der Kennfeldvalidierung des gleichen Motors verlieren sie bis zu 10 % an Genauigkeit. Eine weitere Anwendung dieser Modelle an den Validierungsmotoren I und II (V6-TDI-Gen2evo

---

[16] Die Sauerstoffkonzentration wird über ein Konzentrationsmessgerät der Firma *Continental AG* am Zylindereinlass ermittelt.

LK2 und V8-TDI-Gen3) zeigt vor allem am V8-TDI-Gen3 die sehr schwache Modellübertragbarkeit. Die prüfstandsbasierte Variante verliert deutlich
an Qualität. Der Grund dafür liegt darin, dass die Trainingsdaten im kleinen
Bereich des Motorkennfelds liegen (vgl. Abb. 3.9) und eine Extrapolation außerhalb des antrainierten Raums an dieser Stelle versagt. Die rein prüfstands-
basierten Größen zeigen eine stärkere lineare Abhängigkeit - gegenseitige Effekte können dabei nicht vollständig erfasst werden. Das mit den physikalischen Daten antrainierte ASCMO-Modell schneidet mit $R^2 = 80\%$ besser
ab. Begründet werden kann es damit, dass die physikalischen Größen in der
Lage sind, die NO-Mechanismen besser abzubilden da eine direkte Abhängigkeit vorhanden ist, wie in den vorherigen Kapiteln erläutert. Gegenüber den
ASCMO-Modellen zeigt das in dieser Arbeit vorgestellte semiphysikalische
NO-Modell eine durchgehend hohe Güte von mindestens 90 % und erweist
sich insbesondere als übertragungsfähig.

Im Rahmen des im Kapitel 2 vorgestellten Fourier-basierten Strömungsmo-
dells, bietet es sich an, eine Untersuchung des Einflusses der Strömungsdynamik am Ladungswechsel und der nachfolgenden Verbrennungs- und Emis-
sionsberechnung vorzunehmen. Darüber soll errechnet werden, zu welchem
Fehler es in der Stickoxidberechnung bei einer Vernachlässigung von Druckpulsationen (gemäß eines Mittelwertmodells) kommt. Eine quantitative Bewertung von Druckpulsationen soll Vorteile des FT-Modells für die Emissionsbe-
rechnung aufzeigen und die Wichtigkeit der Kombination beider Ansätze ver-
deutlichen. Abb. 3.21 zeigt beispielhaft am Betriebspunkt $n = 2250\,\text{min}^{-1}$,
$p_{me} = 7.9\,\text{bar}$ von oben der Reihenfolge nach, wie ein Fehler aus einem Mittelwertmodell sich auf die Füllung des Zylinders, den Maximaldruck, die maximale Temperatur der verbrannten Zone und schließlich, als folge der Reakti-
onskette, auf die NO-Emission auswirkt. Quantitativ erzeugt ein Mittelwertmodell einen Fehler von knapp -6% im Stickoxid. Dieser Wert ist repräsentativ,
je nach Betriebspunkt kann er auch höher ausfallen. Erst mit der Superposition
von Druckpulsationen der Fourier-Ordnungen lässt sich der Fehler im Stickoxid sukzessiv korrigieren.

Transient
Neben den vorgestellten Stationärpunkten wird eine Validierung des Modells
am Zyklus zur Untersuchung der Transientfähigkeit untersucht. Dafür wird am
Abgasrollenprüfstand der Audi AG der Artemis-Zyklus mit dem Trainingsmotor (V6-TDI Konzeptmotor) gefahren. Der Artemis-Zyklus hat prinzipiell nur
moderate Fahrgeschwindigkeiten von maximal 60 km/h, ist aber gekennzeich-

net durch starke Beschleunigungen. Aufgrund seiner hohen Dynamik, bildet dieser im Vergleich zum NEFZ-Zyklus ein realistischeres Fahrverhalten und ist aussagekräftiger bezüglich Verbrauch und Abgasemissionen. Abb. 3.22 zeigt die Gegenüberstellung der Rohstickoxid-Emissionen von der Abgasrolle und deren des NO-Modells. Die modellseitigen Ergebnisse werden hierbei mit dem FT-Modell berechnet. Die Verbrennungsberechnung sowie die Berechnung der Zonenunterteilung für die notwendige heiße Zonentemperatur werden mit dem UserCylinder vorgenommen. Um auf den gleichen Abgasmassenstrom zu referenzieren, sind die Emissionen in der Einheit [mg/s] statt in [ppm] dargestellt.

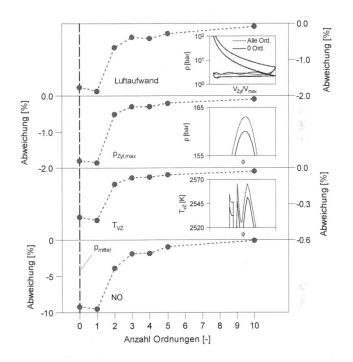

Abbildung 3.21: Einfluss der Druckpulsationen auf die NO-Entwicklung (n = 2250 min^{-1}, p_{me} = 7.9 bar, AGR = 6 %)

Auffällig ist auf den ersten Blick, dass die Emissionsspitzen sowohl vom Niveau, als auch vom Ansprechverhalten mit dem Modell gut getroffen werden können. Das kumuliertes Ergebnis in der Einheit [mg] liegt mit etwa 7.5 % unterhalb des gemessenen Wertes. Fehler können allerdings auch auf Ungenauigkeiten aus der vorhergehenden Strömungs- und Verbrennungsberechnung zurückführbar sein.

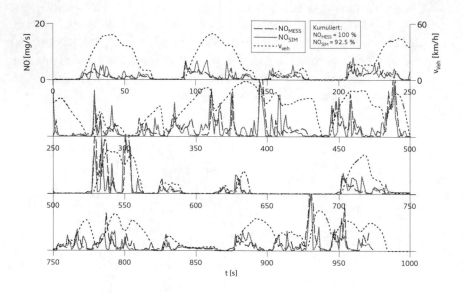

Abbildung 3.22: Validierung am Artemis-Zyklus

4 Hardware-in-the-Loop (HiL)-Kopplung

Mit einem Anteil von ca. 30 % stellt die Elektronik eine der hauptverursachenden Quellen für Fahrzeugausfälle dar. Gleichzeitig steigt durch wachsende Anforderungen an die Steuergeräte deren funktionale Komplexität, sodass sich die HiL-Simulation mit zunehmendem Stellenwert in der Kraftfahrzeugelektronik etabliert hat. Dabei ist es wichtig, dass für HiL-Anbindungen Motormodelle mit hoher Detailtiefe eingesetzt werden, um entsprechende Funktionen im Steuergerät realistisch abzurufen, sodass u. U. mögliche funktionale Fehlerquellen detektiert werden können. [66]

4.1 Ausführungsprozess

Die Implementierung von Funktionsentwürfen für die Beschreibung von Steuerungs- und Regelungsfunktionen erfolgt über Simulations- und Modellgenerierungswerkzeuge wie z. B. MATLAB/Simulink oder Stateflow. Ein Gesamtfahrzeug-Umgebungsmodell, welches im Rahmen dieser Arbeiten verwendet wurde, ermöglicht sowohl die Erstellung und Implementierung des FT-Modells in eine MATLAB/Simulink-Umgebung als auch über eine Modellierung in der Simulationssoftware GT-POWER. Ein Motormodell auf Basis von MATLAB/Simulink kann direkt in die Umgebung integriert werden. Ein entsprechendes GT-POWER Modell kann über einen speziellen Kopplungsblock (S-Function) eingesetzt werden.

Am Beispiel des HiL-Prüfstandes am Standort Audi-Neckarsulm, soll ein typischer Aufbau der am Ausführungsprozess beteiligten Komponenten vorgestellt werden. Der Simulator setzt sich hardwareseitig aus einem SCALEXIO Echtzeitrechnersystem des Herstellers *dSPACE*, einem Motorsteuergerät (Prüfling), einer Lastbox, Echt- und Ersatzlasten sowie einem Emulatortastkopf (ETK) zusammen. Ferner umfasst das System einen Host-PC, der zur Visualisierung und zur Experimentensteuerung bzw. zur Testautomatisierung eine *dSPACE*-interne Software (GUI) verwendet und desweiteren Diagnose-Tools steuert, mit deren Hilfe die Messdatenaufzeichnung erfolgt (Abb. 4.1). Ausgangsbasis für den Ausführungsprozess ist ein an dieser Stelle bereits zur Verfügung stehendes Build-Produkt, worin das anzubindende Gesamtmodell in kompilierter Form vorhanden ist. Der Build-Erstellungsprozess, an dessen Ende das Build-Produkt steht, wird im späteren Verlauf im Detail vorgestellt.

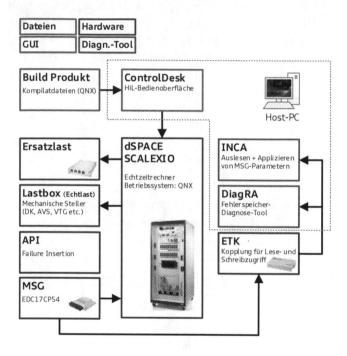

Abbildung 4.1: Ausführungsprozess HiL-Simulator

Build Produkt (Kompilat)

Das Build Produkt ist die Ausgangsbasis für die HiL-Simulation und beinhaltet das am Steuergerät zu simulierende Gesamtfahrzeug-Modell als Kompilat (BUS/Fahrzeug/Motor) in übersetzter QNX-Maschinencodesprache. QNX ist ein Echtzeitbetriebssystem das in vielen Bereichen der Elektronik Anwendung findet. Näheres dazu wird im Kapitel 4.3 vorgestellt.

Control Desk (GUI)

Control Desk ist eine Bediener-Oberfläche des Herstellers *dSPACE* und bietet eine Visualisierung und Steuerung des Echtzeitsimulationsprozesses für den Anwender an. Darüber ist es zudem möglich, automatisierte Prozesse zu definieren wodurch komplexe Testsequenzen mit zeitlich geringem Aufwand ausgeführt werden können. [67]

dSPACE SCALEXIO (Echtzeitrechnersystem)
Das Echtzeitrechnersystem setzt sich zusammen aus vier Prozessorboards, auf denen unter anderem die Echtzeitberechnung des Motormodells erfolgt, aus Input/Output (I/O)-Boards - die speziell für die Motor- und Fahrdynamikanwendung entwickelten Schnittstellenkarten zur Anbindung des realen Steuergerätes an den Simulator und einem Linkboard, das eine Kommunikation aller Signale und Größen mit dem Host-PC ermöglicht.

Im Wesentlichen setzen sich die Karten aus einer Sensor- und einer Aktuator-Schnittstelle, einer Einheit zur Berechnung kurbelwinkelaufgelöster Signale und einer Kommunikationseinheit zusammen. [67]

Ersatzlasten/ Echtlasten
In der realen Anwendung von Steuergeräten, überwachen OBD[17]-Funktionen sämtliche Ausgänge mit Hilfe anliegender Stromspannungen auf Kurzschlüsse, mögliche Kabelbrüche, Sensor- und Aktuatorfehler etc.[18] Um ein Ansprechen der OBD-Funktionen beim Steuergeräte-Test am HiL-Simulator zu verhindern, ist es erforderlich, die Ausgänge mit einer Last zu versehen. Dabei können je nach Testbedarf des HiL-Anwenders sowohl Echtlasten (reale Bauteile) oder auch Ersatzlasten (abgeklemmte Stromspannung) zum Einsatz kommen.

Relevante Aktoren wie z. B. AGR-Ventil, Drosselklappensteller, VTG Steller, Raildruckregelventil, Nockenwellensteller, Injektoransteuerung etc. können als Echtteile angebunden werden. Eine modellseitige Abbildung dieser Systeme ist dann nicht mehr erforderlich.

Für den Fall einer Ersatzlastanbringung am Beispiel eines Injektors, würden zur Bestimmung des Einspritzbeginns sowie der Einspritzdauer die vom Steuergerät eingeprägten Injektorströme mittels einer Strommesskarte erfasst und über eine Komparatorschaltung in ein binäres Einspritzsignal umgewandelt werden. Dieses wird anschließend von einem der I/O-Boards eingelesen und der Ausgangswert der Signalumwandlungskette dem Motormodell zur Ver-

---

[17] On Board Diagnose
[18] Der Anteil der Fehlerdiagnose der eigentlichen OBD-Aufgaben an der Gesamtrechenzeit macht einen beträchtlich hohen Anteil aus und wird dadurch oftmals auf einen separaten Prozessor verlegt.

fügung gestellt.[19] In ähnlicher Weise wird beispielsweise auch der Ansteuer-strom des Raildruckregelventils erfasst. [67]

Lastbox

Die Lastbox stellt eine Einheit dar, in der die realen Bauteile (Echtlasten) einge-bettet und justiert werden. Durch die mit in der Lastbox verbauten Lastkarten mit multiplen Kanälen, gilt sie als eigenständige Komponente und kann somit als Echtzeitrechner unabhängiges System beliebig erweitert werden.

ETK

Das Steuergerät ist ausgerüstet mit einem Emulatortastkopf (ETK) des Her-steller *ETAS*, der einen lesenden und schreibenden Zugriff auf Variablen und Parameter der Steuergerätefunktionen ermöglicht. Die Verwaltung findet über Diagnose- und Applikations-Tools sowie DiagRA und INCA statt. Weiterhin bietet das ETK eine Schnittstelle für Steuergeräte-Entwicklungswerkzeuge so-wie INTECRIO oder ASCET an, mit Hilfe derer vorhandene Funktionen wei-terentwickelt bzw. neue Funktionen generiert und zum Test auf dem Steuerge-rät appliziert werden können.

Diagnosetools

DiagRA ist ein Mess- und Diagnose-Tool für Steuergeräte in der Automobil-elektronik des Herstellers *RA CONSULTING*. Über die Verbindung mit dem Steuergerät durch das ETK liest DiagRA alle möglichen Parameter aus und gibt diese zur Überwachung für den Anwender am Host PC aus. Mögliche Fehler oder Warnungen können dort abgegriffen und zur Diagnose verwendet werden.

INCA (Integrated Calibration and Application Tool) des Herstellers *ETAS* dient zusätzlich als Kalibrier-Tool, mit dem durch Parametrierung alle vorhandenen Variablen der Steuergerätefunktionen vom Anwender am Host PC untersucht und angepasst werden können.

---

[19] Reale Sensorausgänge zeigen ein nichtlineares Verhalten auf, welche vom Steuergerät durch Submodelle gegenkompensiert werden müssen. Dies geschieht in aller Regel über Korrek-turkennlinien um eine Linearität und somit eine Übertragbarkeit auf ein modellbasiertes Verhalten zu erzeugen.

4.2 Grundlagen der HiL-Funktionalität

Für die Anbindung von Modellen an den HiL-Simulator, werden folgende zwei grundlegende Varianten voneinander unterschieden: Der Single Timer Task Modus (STTM) und der Multi Timer Task Modus (MTTM). Auf Grund der standardisierten Begrifflichkeiten im Bereich der HiL-Anwendung werden fortwährend die HiL-spezifischen, englischen Bezeichnungen verwendet.

Single Timer Task Modus
Beim STTM handelt es sich um eine Variante, bei der ein einzelner sogenannter „Läufer" (Timer) definiert wird. Über diesen werden übergreifend alle Prozesse ausgeführt, die über Signale gesteuert werden. Die Prozesse, auch im Folgenden als „Tasks" bezeichnet, können wiederum in unterschiedliche Blöcke zusammengefasst werden, d. h. ein Task kann einen einzelnen Prozess abbilden, oder auch mehrere Prozesse miteinander vereinen. Prozesse können allerdings unterschiedliche Eigenschaften besitzen, sie können im Modell einen periodischen oder aperiodischen Charakter haben, demnach sollten bei einer Zusammenfügung zu Tasks nur charaktergleiche Prozesse ausgewählt werden. Weiterhin gibt es einen speziellen Hintergrund-Task, der immer aktiv ist, solange der Echtzeit-Simulator im Betrieb ist.[20] [68]

Für die folgende Skizze (Abb. 4.2) sind zwei Tasks definiert, B_{Fast} mit einer kurzen Rechendauer (periodisch für jedes Sampling) und B_{Slow} mit einer längeren Rechendauer (periodisch für jedes zweite Sampling). Die Globle Sampling Rate (GSR) stellt die schnellst mögliche Abtastrate dar, mit der ein Signalaustausch zwischen dem Modell und dem Steuergerät ausgeführt wird. Der Abstand zweier Abtastraten wird als Globle Sampling Time (GST) bezeichnet. [68]

---

[20] Auf den Hintergrund-Task kann von der RTI Task-Konfiguration nicht zugegriffen werden. Dieser Task läuft in einer Endlosschleife im Hintergrund mit und wird erst dann ausgeführt für den Fall, dass keine Tasks aktiv sind und sorgt so für eine fortlaufende Verbindung (Zeitsynchronisierung) zwischen dem HiL-Simulator und dem Simulationsmodell.

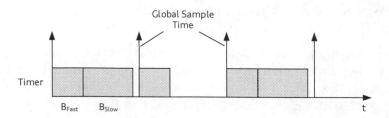

Abbildung 4.2: Definition einer GST [68]

Für den dargestellten Fall gibt es keine Priorisierungsmöglichkeit des Läufers. Die GST muss daher groß genug sein, sodass alle Blöcke innerhalb eines jeden Intervalls ausgeführt werden können. Falls dies nicht eingehalten werden kann, weil etwa die Rechnung eines Blocks eine längere Zeit zur Ausführung benötigt, entsteht eine Überschreitung der zur Verfügung stehenden Zeit, welches als Überlauf oder im Englischen auch als „Overrun" bezeichnet wird. Ein solches Szenario ist in Abb. 4.3 dargestellt. Entsteht ein Overrun, bedeutet dies, dass du diesem Zeitpunkt eine zeitsynchrone Übermittlung eines oder mehrerer Signale vom Modell ans Steuergerät nicht durchgeführt werden kann. Eine Echtzeitfähigkeit des Modells ist an dieser Stelle somit nicht mehr gegeben. Wird ein Task in seiner Ausführung unterbrochen oder gar im Falle eines Overruns nicht zu Ende geführt, so spricht man von einer Unterbrechung oder "Interrupt" der Task. [68]

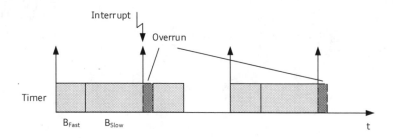

Abbildung 4.3: Definition von Overrun und Interrupt [68]

Multiple Timer Task Mode

Im MTTM können im Gegensatz zur vorherigen Variante beliebig viele Läufer definiert werden, die parallel zueinander ablaufen. Diese können an eine individuelle Sampling Rate geknüpft werden. Ein Vorteil dieser Variante ist eine

Priorisierbarkeit der Läufer: Einem höher priorisierten Läufer werden höher priorisierte Prozesse bzw. Tasks zugeordnet. [68]

Am Beispiel der nachfolgenden Skizze (Abb. 4.4) wird deutlich: Wird der schnelle Block B_{Fast} von vorhin einem höher priorisierten Läufer Timer$_1$ und der langsame Block B_{Slow} einem niedriger priorisiertem Läufer Timer$_2$ zugeordnet, so ändert sich die Ausführungssequenz. Nachdem der Block B_{Fast} von Timer$_1$ augeführt wurde, beginnt Timer$_2$ mit dem Ausführungsprozess. Beim darauffolgenden Sample von Timer$_1$ wird Timer$_2$ von B_{fast} des Timer$_1$ unterbrochen. Erst nach Beendigung von B_{fast} kann B_{slow} fortgeführt werden. Durch die Priorisierung von einzelnen Läufern und deren sequentieller Abfolge kann ein möglicher Overrun verhindert werden. [68]

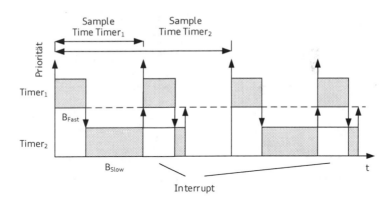

Abbildung 4.4: Definition einer Prioritätenverteilung [68]

Im MTTM werden Prioritäten der unterschiedlichen Timer Tasks ihrer Ausführungsgeschwindigkeit nach vergeben: Je schneller die Sample Time eines Tasks ist, desto höher folgt eine Priorisierung. [68]

Um zu identifizieren, welcher Task gerade aktiv ist, wird von der Steuerkonsole jedem Task ein Status in der dargestellten Form vorgeschrieben, siehe Abb. 4.5:

- Ein Task mit höherer Priorität unterbricht einen laufenden Task mit niedrigerer Priorität.

- Wenn die Rechnung eines höher priorisierten Tasks endet, kann ein Task mit niedrigerer Priorität fortgesetzt werden.
- Tasks gleicher Priorität können einander nicht ablösen. Der Task, der zuerst zur Rechnung ansetzt, hat den Vorrang.
- So lange alle Tasks inaktiv sind, wird der Hintergrund-Task ausgeführt.

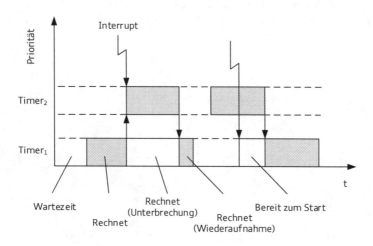

Abbildung 4.5: Statusvergabe der Steuerkonsole [68]

Je nach Steuergerätemodell kann die Anzahl an insgesamt auszuführbaren Tasks und damit auch die Anzahl an Timern variieren. Diese kann zwischen 60 bis 100 Tasks beinhalten, wodurch der Task-Verwaltungsprozess an Komplexität hinzugewinnt.

Eine weitere, bei der HiL-Simulation relevante Größe ist die „Turnaround Time" (TAT), die Zeit zwischen Ansteuerbeginn und Ausführungsende einer Task. Diese Zeit sollte für eine echtzeitfähige Kopplung stets geringer ausfallen, als die GST, andernfalls kann keine stabile Signalübertragung stattfinden. Die Wartezeit einer Task bei einer Unterbrechung durch einen höher priorisierten Task wird dafür miteingerechnet. [68]

Abb. 4.5 zeigt die Turnaround Times für drei parallel laufende Timer. In diesem Beispiel benötigt Task 3 für eine Ausführung immer die konstante Zeit

t_3. Task 2 hingegen, das mit einer geringeren Priorität eingestuft ist, benötigt für eine Ausführung je nach Unterbrechung durch Timer 3 eine Turnaraound Zeit von t_2 bzw. $t_2 + t_3$. Task 1 mit der niedrigsten Priorität kann entsprechend eine Turnaround Time von t_1, bei einer Unterbrechung von Task 2 $t_1 + t_2$ oder bei einer Unterbrechung von Timer 2 und Timer 3 $t_1 + t_2 + t_3$ benötigen. Letzlich ist der Timer mit der geringsten Priorisierung derjenige, der die meisten Unterbrechungen erfährt und daher am kritischsten ist. [68]

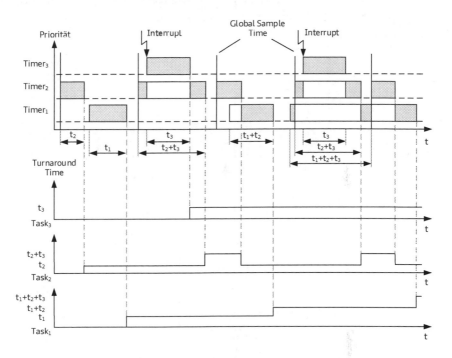

Abbildung 4.6: Definition einer Turnaround Time [68]

4.3 Build-Prozess (Kompilaterstellung)

Wie bereits im vorherigen Kapitel angedeutet, werden für HiL-Anwendungen Modelle in aller Regel in der Echtzeitbetriebssystem-Umgebung QNX eingesetzt. Es besteht allerdings auch die Möglichkeit, direkte Kopplungen über MATLAB/Simulink bzw. GT-POWER vorzunehmen, allerdings fallen dadurch

erfahrungsgemäß die Rechenzeiten deutlich höher aus, sodass diese Methode
nur dann sinnvoll ist, wenn die Simulation von rechenzeitunkritischen Einzelkomponenten im Vordergrund steht.

Am Beispiel des HiL-Prüfstandes am Standort Audi-Neckarsulm, soll die Vorgehensweise dargestellt werden, aus der die individuellen Schritte für die Erstellung eines Kompilats in QNX-Sprache hervorgehen. Abb. 4.7 zeigt schematisch alle beteiligten und relevanten übergreifenden Komponenten in Form
von Software, Server, GUIs und Dateien (siehe farbliche Unterscheidung), die
dabei zum Einsatz kommen.

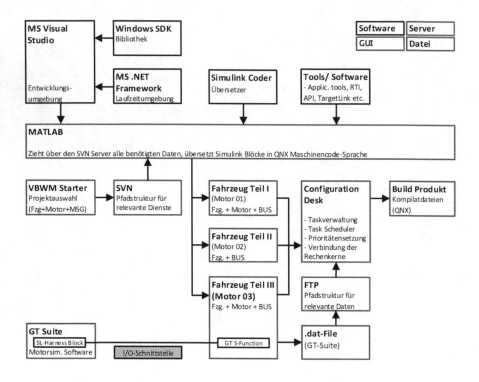

Abbildung 4.7: Build-Prozess HiL-Simulator

Die Ausführung der Build-Erstellung wird mit Hilfe der Software MATLAB
gesteuert. Der Prozess erfordert die Einbindung einiger notwendiger Tools und
die Ausführung der wichtigsten Schritte, die in Abb. 4.7 schematisch zusam-
mengehalten sind.

Am Anfang der Ausführungskette steht die Software Variant Based Workflow Management (VBWM) des Herstellers *dSPACE*. Mit dieser Software ist es möglich, diverse Projekte (Fahrzeug-Getriebe-Motor-Konfigurationen) in einer variablen Laufpfadstruktur, wie es in einem Konzern üblich ist, zusammenzuführen. Auf dem Server verteilt liegende, notwendige Dateien und Submodelle, die unabhängig voneinander stets weiterentwickelt werden, werden über einen SVN-Server lokalisiert und abgegriffen und anschließend in die MATLAB-Umgebung geladen.

Zudem werden die im oberen Teil des Schemas dargestellten, notwendigen Software-Tools (Real Time Application (RTI), Application Programming Interface (API) etc.), sowie ein Simulink-Coder eingebunden, der für die Übersetzung von Simulink Diagrammen und MATLAB-Funktionen in C-und C++ Sprache verantwortlich ist. Das dSPACE interne Tool TargetLink wird eingebunden für eine automatische Seriencode-Generierung (C-Code) aus der Entwicklungsumgebung MATLAB/Simulink. Weitere Werkzeuge und Anwendungen werden über Bibliotheken mit dem Windows Software Development Kit (SDK) gemeinsam mit MS.NET Framework, das eine Laufzeitumgebung und für die Kompilierung weitere, wichtige Programmierschnittstellen und Dienstprogramme zur Verfügung stellt, in MS Visual Studio integriert. MS Visual Studio stellt die Entwicklungsumgebung bereit, die letztendlich für die Generierung eines ausführbaren Programms sorgt.

Mit der Wahl eines bestimmten Projektes im VBWM Starter, öffnet sich in MATLAB ein entsprechendes, modulares MATLAB/Simulink-Fahrzeugmodell. Das Fahrzeugmodell setzt sich vereinfacht zusammen aus den folgenden Komponenten:

- Fahrwiderstände des jeweiligen Fahrzeug-Modells inklusive Fahrzeugmasse
- Antriebsstrang inklusive Massen und Massenträgheiten, Übersetzungen der Achsen und der Räder
- Getriebemodell mit Hinterlegung der Getriebewirkungsgradkennlinien, modellierte Wandlerüberbrückungskupplung für den transienten Fahrmodus, thermisches Getriebe-Modell
- Fahrregler zum Einregeln von Fahrprofilen

Für eine optimale Lastverteilung der vier vorhandenen HiL-Prozessorkerne, wird das Fahrzeugmodell in drei Teile aufgesplittet. Der vierte Prozessor wird

belegt mit den dSPACE/SCALEXIO eigenen Betriebsprozessen. Wie in Abb.
4.7 dargestellt, wird in den für den Motor vorgesehenen Farhzeugteil (hier Motor 03) über eine Simulink-S-Function das GT-SUITE-basierte FT-Motormodell integriert. Dafür muss im Vorfeld eine korrekte Anpassung aller vorhandener Schnittstellen zwischen dem Motor- und dem Fahrzeugmodell sichergestellt werden. Der I/O-Schnittstellenblock dafür ist im Anhang A.4 im Detail dargestellt.

Innerhalb der Software ConfigurationDesk des Herrsteller dSPACE, können die Teilmodelle wieder zusammengeführt und somit kann zwischen den einzelnen Prozessoren eine Verbindung hergestellt werden. Zudem dient das Programm vor allem dazu, die in Kapitel 4.2 diskutierte Prioritätenverwaltung für sämtliche Tasks vornehmen. Letztlich wird über einen File Transfer Protokoll (FTP)-Server das FT-Motormodell gemeinsam mit dem vorgestellten Stickoxidmodell in übersetztem Fortran-Code in einer .dat-file implementiert. Der Build-Prozess kann damit gestartet werden, als Ergebnis erhält der Anwender die in QNX übersetze Kompilatdateien, die nun zum Ausführungsprozess der HiL-Simulation (vgl. Abb. 4.1) verwendet werden können.

4.4 Untersuchung von Kopplungsstrategien

In den vorherigen Kapiteln wurden im Rahmen der Entwicklung des FT-basierten Motormodells modellspezifische Maßnahmen zur Optimierung der Rechengeschwindigkeit ergriffen. In den folgenden Abschnitten wird gezeigt, dass bei der Kopplung eines Motormodells mit dem HiL-Simulator gesamtsystemseitig weitere, wichtige Geschwindigkeitspotentiale herausgearbeitet werden können, sodass eine optimale Nutzung der Rechenprozessorleistung erreicht werden kann.

Abb. 4.8 zeigt schematisch wie die Signalschleife ausgehend vom Motormodell bis zum Steuergerät aufgebaut ist. Über ein in Simulink aufgesetztes Fahrzeugmodell wird über eine Simulink-S-Function das Motormodell eingesetzt. Neben der im Kapitel 4.2 vorgestellten Globle Sampling Rate besitzt das Motormodell eine eigene Model Sampling Rate (MSR), die zeitliche Abtastrate, mit der das Modell gerechnet wird. Bei einer Kopplung ist es entscheidend diese Sampling Raten auf einen gemeinsamen zeitlichen Nenner zu bringen, so dass dort bei einem zeitgleichen Sampling eine Signalübertragung erfolgen kann. Für die Kopplung werden hier zunächst drei verschiedene Varianten vorgestellt. Im Gegensatz zu einer hart getakteten GSR von 1 ms (siehe Querbalken), die das Steuergerät vorgibt, kann das Motormodell mit einer gleichmäßig verteilten MSR (Variante 1: 334 µs und Variante 2: 500 µs) oder einer an die Solver-Stabilitätsgrenze gewählten, maximalen Schrittweite (Variante 3: 667 µs) bedatet werden. Die dritte Variante stellt keinen ganzzahligen gemeinsamen Teiler der GSR dar, sodass sich dadurch eine asynchrone Abtastrate ergibt (ein 667 µs Schritt und anschließend ein 333 µs Schritt). [66]

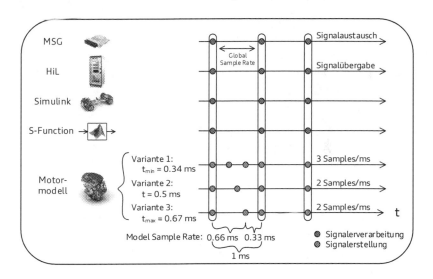

Abbildung 4.8: Möglichkeiten einer Modell-Kopplung am HiL-Simulator

Für die ersten beiden Varianten sind die Ergebnisse der Modellkopplung in Abb. 4.9 dargestellt. Zu erkennen ist, dass Variante 1 aufgrund einer hohen MSR von 334 µs und somit einer Berechnungsrate von 3 Samples/ms zu viele Rechnungen durchführen muss, sodass die Turnaround Time durchgehend oberhalb der GST liegt. Anhand der 1000 Overruns, die innerhalb von 1 ms entstehen wird deutlich, dass kein Signal des Modells echtzeitfähig an das Steuergerät übermittelt werden kann. Eine Kopplung mit dieser Variante ist folglich fehlgeschlagen. Für die zweite Variante hingegen (rechtes Bild) liegt die Turnaround Time bis auf wenige periodische Peaks unterhalb der GST von 1 ms. Eine Behebung der einzelnen Peaks ist während des Build-Prozesses mit einer geeigneten Prioritätensteuerung der Tasks behebbar. Variante 2 erweist sich für die Drehzahl 1000 min^{-1} als stabil, stellt allerdings einen zu geringen

Puffer zu Verfügung. Bei Drehzahlen ab 2000 min^{-1} bereits, ist dieser Puffer aufgebraucht, so dass dort unkontrollierte Overruns entstehen. [69]

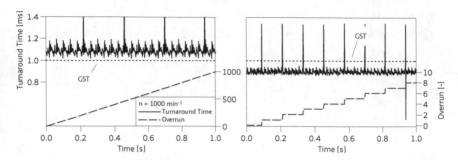

Abbildung 4.9: Echtzeitfähigkeit am HiL für Variante 1 (links) und Variante 2 (rechts)

Das Ergebnis der Kopplung für Variante 3 ist in Abb. 4.10 abgebildet. Durch die Asynchronität der Sampling Intervalle nimmt die TAT starke Fluktuationen zwischen 0.5 ms und 1 ms an. Dies lässt sich damit begründen, dass die grobe Sampling Rate von 667 µs zunächst eine schnelle Rechnung durchführt. Daraufhin folgt das viel feinere Sampling von 333 µs, welches im Anschluss direkt wieder die Rechengeschwindigkeit des Modells erheblich reduziert. Durch das starke Schwanken ist eine solche asynchrone Anbindung demnach nicht empfehlenswert. Zum Vergleich ist Variante 2 hier gegenübergestellt.

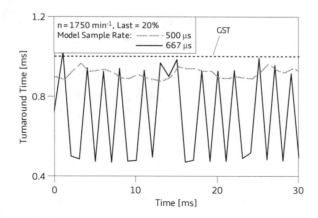

Abbildung 4.10: Asynchrone MSR am HiL (Variante 2 vs. Variante 3)

Mit diesem Ergebnis sei zunächst gezeigt, dass eine gleichmäßig verteilte MSR, also eine, die einen gemeinsamen ganzzahligen Teiler der GSR darstellt, notwendig ist, sodass eine Modellkopplung stabil durchführbar wird. Eine weitere Erhöhung der Geschwindigkeit bei gleichbleibender Anforderung an die Systemstabilität kann daher nur erreicht werden, indem das Modell einen größeren gemeinsamen Teiler (GGT) der GSR annimmt. Abb. 4.11 stellt einen solchen Fall dar, bei dem die GSR auf einen größeren ganzzahligen Wert (2 ms) gesetzt wird. Demnach ergibt sich ein neuer, für das Modell möglicher GGT, der bei 667 µs liegt. Hier sei angemerkt, dass für die Erstellung dieser Kopplungsvarianten der gesamte Build-Prozess (vgl. 4.7) mit angepassten Sampling Raten erneut durchgeführt werden muss.

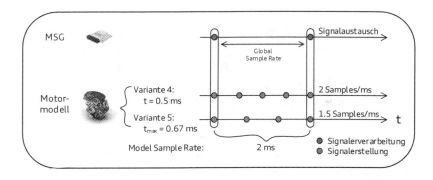

Abbildung 4.11: Erweiterung der GST auf einen größeren gemeinsamen Teiler

Variante 5 unterscheidet sich in der Rechengeschwindigkeit nur marginal von Variante 2 aus Abb. 4.9 (rechts). Die Berechnungsrate von 2 Samples/ms bleibt weiterhin bestehen, was bedeutet, dass das Modell die gleiche Rechenlast wie zuvor benötigt. Der Unterschied liegt in der Signalverarbeitung des Steuergeräts, welches alle 2 ms zur GSR, also mit der halbe Rate ein Signal verarbeitet. Die Rechengeschwindigkeit wird dadurch nur unerheblich höher. Das Ergebnis von Variante 5 ist in Abb. 4.12 dargestellt. Wie zu erkennen, kann durch die angewandte Strategie die Geschwindigkeit des Gesamtsystems deutlich erhöht werden. Ausgehend von der Basiskonfiguration (Variante 1) ist die Kopplung durchschnittlich um 37 % schneller. Dies resultiert in erster Linie daraus, dass das Modell mit einer MSR von 667 µs und dadurch mit einer reduzierter Berechnungsrate von 1.5 Sample/ms arbeitet.

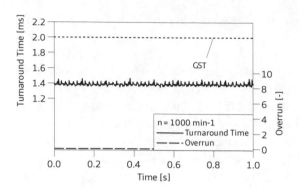

Abbildung 4.12: Echtzeitfähigkeit am HiL (Variante 5)

Seitens der Steuergeräte-Anforderungen gibt es allerdings Restriktionen hinsichtlich der GSR, da eine zu grobe Abtastrate den Signalfluss, insbesondere für Systeme, die innerhalb weniger Kurbelwinkel agieren müssen, hindert. Zu den hochauflösenden Systemen gehören beispielsweise die Injektoren, die speziell bei der dieselmotortypischen Mehrfacheinspritzstrategie mehrere Pulseinspritzungen innerhalb kurzer Zeit durchführen. Aus diesem Grunde wird eine weitere Variante entwickelt (Abb. 4.13), bei der die GSR auf einen Dezimalwert gebrochen wird. Eine solche Variante erlaubt eine Kopplung zwischen Echtzeitrechner und dem Motormodell individueller und dynamischer zu gestalten. Da die MSR mit 667 µs aus Variante 5 beispielsweise für das Modell an der äußersten Stabilitätsgrenze läuft, sodass lediglich Drehzahlen bis einschließlich 2000 min^{-1} durchgeführt werden können, wird hier in der folgenden Variante ein kürzeres Sampling von 600 µs ermöglicht, wenn die GSR auf 1.2 ms reduziert wird.

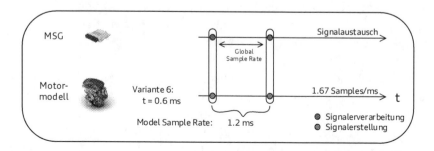

Abbildung 4.13: Dezimale Variante der GSR

Abb. 4.14 zeigt das Ergebnis der Kopplung für Variante 6. Von allen hier vorgestellten Kopplungsstrategien stellt die folgende Variante 6 den optimalen Kompromiss dar. Sowohl die Anforderungen seitens des Steuergerätes hinsichtlich einer begrenzten GSR, als auch die einer hohen Modellgeschwindigkeit sind in dieser Variante berücksichtigt. Der Puffer ermöglicht Drehzahlen bis $3500\,\mathrm{min}^{-1}$ auszuführen.

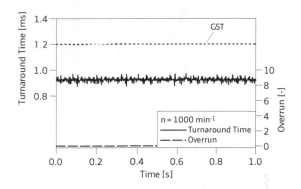

Abbildung 4.14: Echtzeitfähigkeit am HiL (Variante 6)

Zusammenfassend seien hier nochmal die Ergebnisse der unterschiedlichen Kopplungsmöglichkeiten dargestellt. Variante 2 (V.2) in Abb. 4.15 stellt dazu den Referenzpunkt als Ausgangsbasis mit einer standardgemäßen Kopplung dar, bei der die MSR einen GGT der GSR annimmt. Bei einer Verdoppelung der GSR werden Signale mit der halben Rate ausgetauscht, welches die gesamtsystemseitige Geschwindigkeit um 4 % anhebt. Die dadurch entstehende Möglichkeit einer größeren Wahl eines GGT für die MSR auf 667 µs erhöht die Geschwindigkeit um weitere 33 % (V.3). Durch die Wahl einer dezimalen GSR, kann diese individuell an eine maximal mögliche und stabil laufende MSR angepasst werden (V.4). Insgesamt kann dadurch ein Geschwindigkeitsvorteil von 22 % nachgewiesen werden. Dieser Wert ist allerdings individuell zu betrachten und hängt davon ab, welches zusätzliche Potential durch eine individuell gestaltbare MSR aus einem Motormodell gewonnen werden kann. Dieser Wert kann daher je nach Potential deutlich höher ausfallen.

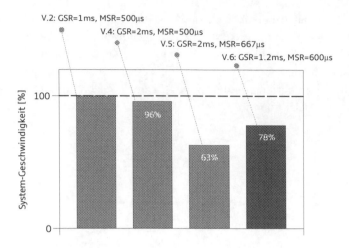

Abbildung 4.15: Zusammenfassung der Geschwindigkeitspotentiale einer strategischen Kopplung

4.5 Kopplung und Ergebnisse

Bei der Abstimmung und Anwendung von Motormodellen in der Vorentwicklung ist üblicherweise eine Kalibrierung von Stellern an Prüfstandswerte unbedeutend. Regler, die im Modell zum Einsatz kommen, sorgen dafür, dass erwünschte Betriebspunkte eingestellt werden, um darüber den Betriebspunkt qualitativ zu bewerten. Erst bei der HiL-Anwendung, bei der Stellgrößen von außen auf das Modell aufgeprägt werden, ist eine vorherige Abstimmung aller Steller von essentieller Bedeutung.

Für die Erstellung von Regler-Kennlinien werden zunächst am FT-Modell im geregelten Betrieb alle Betriebspunkte des Motorkennfeldes gerechnet. Das Motorkennfeld stammt aus einer Messung mit dem entsprechenden Steuergerät, welches am HiL-Prüfstand angebunden wird. Dabei werden Stellgrößen von allen vorhandenen Stellern aufgezeichnet. Anschließend werden diese mit den am Prüfstand vermessenen Tastverhältnissen gegenübergestellt. Abb. 4.16 zeigt ein beispielhaftes Ergebnis, bei der die Stellgrößen für Drosselklappe, AGR-Ventil und VTG-Stellung untersucht und entsprechende Kennlinien hinterlegt sind. Wie zu erkennen, folgen Simulations- und Prüfstandsergebnisse einer nicht-linearen Abhängigkeit. Dies liegt prinzipbedingt an der Methode des Füll- und Entleermodells, auf dessen Basis das FT-Modell aufbaut (vgl. 1.4.1). Durch das Zusammenführen von Rohrelementen zu Behältern, geht dabei üblicherweise ein realistisches Strömungsverhalten an den Drosselstellen verloren.

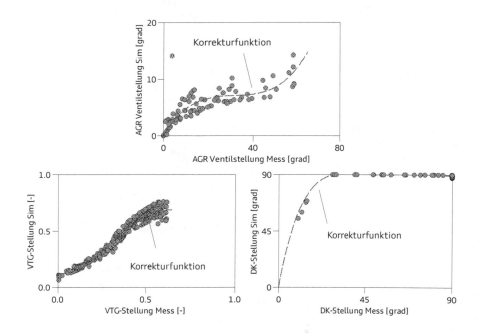

Abbildung 4.16: Korrekturfunktion für Steuergeräte-Stellersignale

Über Polynomverfahren oder über das Verfahren von Gauß-Prozessen (vgl. Kapitel 1.4.3) können Regressionsfunktionen (Korrekturfunktionen) ermittelt und anschließend an den entsprechenden Stellen im Modell hinterlegt werden. Vom Steuergerät aufgeprägte Stellerpositionen laufen nun entlang der Kennlinien.

Eine Validierung von stationären Betriebspunkten anhand eines Stationärkennfeldes kann nun durchgeführt werden. Abb. 4.17 zeigt das Ergebnis der Validierung von vier beispielhaft ausgewählten Größen, die an 290 Betriebspunkten exerziert wurden. Auf den ersten Blick stimmen die Messpunkte, die mit dem Steuergerät am Prüfstand gemessen wurden mit denen des Modells sehr gut überein.

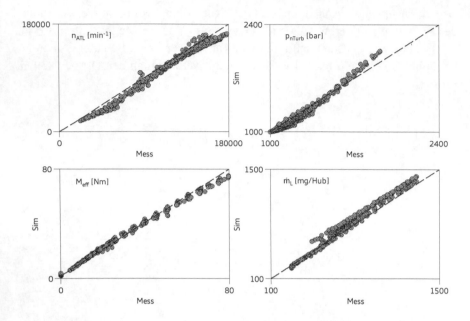

Abbildung 4.17: Validierung am Stationärkennfeld (Online-Anbindung)

In Abb. 4.18 ist die Online-Echtzeitfähigkeit des HiL-Simulators dargestellt. Die Geschwindigkeit, die hier dargestellt ist, bezieht sich, anders als bei den bisherigen Benchmarks, die in dieser Arbeit vorgestellt wurden, auf die Rechenleistung des Prozessors am HiL-Prüfstand. Hierbei wurde jeder der 290 Betriebspunkte für 10 Sekunden angefahren und dabei die Rechengeschwindigkeit beobachtet. Wie zu erkennen, ist das in dieser Arbeit vorgestellte FT-Motormodell (vgl. Kapitel 2) und die Erweiterung um das entwickelte Stickoxid-Modell (vgl. Kapitel 3) in Kombination mit der bestmöglichen Kopplungsstrategie (vgl. Kapitel 4.4) in weiten Bereichen des Kennfeldbereiches echtzeitfähig. Die einzelnen Betriebspunkte sind dabei während der Kopplung angefahren, um eine etwaige transiente Verschiebung mit in Betracht zu ziehen. Erst am Vollastbetriebspunkt der Drehzahl $3500\,\mathrm{min}^{-1}$ überschreitet das Modell den Schwellwert vom Echtzeitfaktor 1. Eine stabile Kopplung ist von dort an nicht mehr gewährleistet.

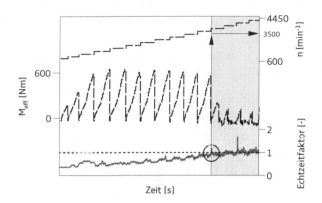

Abbildung 4.18: Ergebnisse am HiL (Online-Anbindung)

Für eine genauere Untersuchung der Kopplung sind die Betriebspunkte bei der Drehzahl $1250\,\text{min}^{-1}$ für das gesamte Lastband abgegriffen und in Abb. 4.19 dargestellt. Die aus dem Motorsteuergerät ausgegebenen Stellerpositionen werden entsprechend der hinterlegten Korrektur-Kennlinien aus Abb. 4.16 umgerechnet. Wird der Betriebspunkt nicht eindeutig eingestellt, erfolgt eine interne Regelung der Stellerpositionen über die Steuergeräteeinheit.

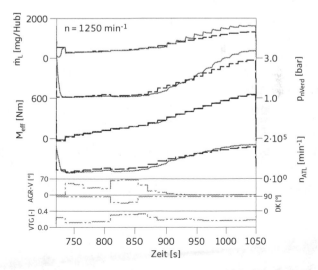

Abbildung 4.19: Ergenisse am HiL bei $n = 1250\,\text{min}^{-1}$ (Online-Anbindung)

Für eine Bewertung der Modellkopplung für Fahrzyklen, in deren dynamische Vorgänge die Rechengeschwindigkeit u. U. stärker belasten können als bei stationären Betriebspunkten, wird eine NEFZ[21]-Rechnung am HiL-Prüfstand für den Audi Q7 V6-TDI mit einem 7 Gang-Doppelkupplungsgetriebe durchgeführt. Die Regelung erfolgt dabei über einen externen Fahrregler, der über das ControlDesk aktiviert werden kann. Die Ergebnisse dafür sind in Abb. 4.20 zusammengefasst.

Die in schwarzer Farbe dargestellten Funktionen sind hierbei mit dem Control-Desk recorder aufgezeichnet und dienen zur Untersuchung der für die Rechengeschwindigkeit spezifischen Größen. Die rot dargestellten Funktionen sind Ist-Ausgabegrößen des Motorsteuergerätes, die über den INCA recorder abgegriffen und aufgezeichnet sind. Der komplette Fahrzyklus kann ohne auftretende Steuergerätefehler gerechnet werden. Es werden insgesamt 1281 Overruns erzeugt. Bei einer GST von $1.2\,ms$ bedeutet dies, dass über die Zykluslänge von $1200\,s$ lediglich $1.54\,s$ oberhalb der Echtzeit liegen. Eine Signalübertragung vom Motormodell ans Steuergerät kann an diesen Stellen nicht erfolgen.

Von den Overruns erfolgen 378 innerhalb der vier wiederkehrenden Stadtzyklen, die restlichen 903 Overruns entstehen im Überlandzyklus. Die letzte, kritische Beschleunigungsphase (von $100\,km/h$ auf $120\,km/h$) verursacht die meisten Overruns pro Zeitintervall. Dort liegt die Motordrehzahl im Bereich zwischen $1776\,min^{-1}$ und $2116\,min^{-1}$. Nichtsdestotrotz verursachen diese keine Diagnosefehler, da sie vereinzelt auftreten und zu keinem Zeitpunkt über die Dauer von einem oder mehreren Arbeitsspielen anhalten. In der oberen Grafik ist während der kritischen Beschleunigungsphase ein Arbeitsspiel bei $119.58\,s$ abgegriffen. Zu diesem Zeitpunkt liegt die Motordrehzahl bei ca. $2000\,min^{-1}$. Für der Dauer eines Arbeitsspiels von $60\,ms$ und damit $60/1.2 = 50\,Signalen$, liegt lediglich ein einziges davon oberhalb der Echtzeit (siehe eingekreister Bereich).

Da in Abb. 4.18 gezeigt wurde, dass stationäre Betriebspunkte in diesem Drehzahlbereich stabil angebunden werden konnten, kann hier festgehalten werden, dass ein dynamischer Motorbetrieb deutlich höhere Rechenzeiten erfordert.

---

[21] Neuer Europäischer Fahrzyklus

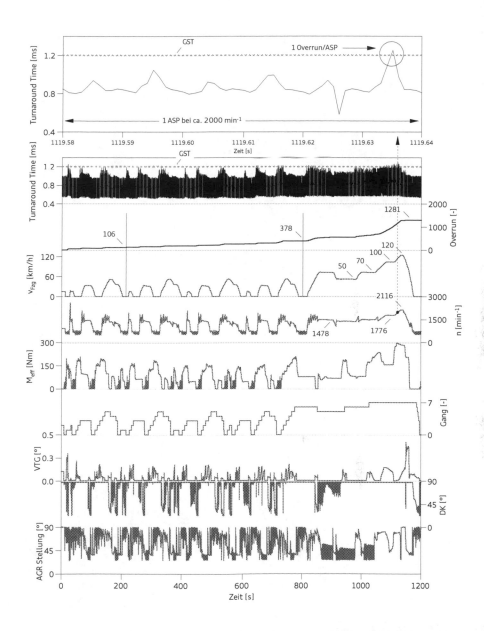

Abbildung 4.20: NEFZ am HiL (Online-Anbindung)

5 Zusammenfassung und Ausblick

In der vorgestellten Arbeit wurde ein neues Konzept für ein Motor-Simulationsmodell präsentiert, das auf eine Erweiterung eines Füll- und Entleer (FuE)-Modells basiert. Mit der mathematischen Methode der Fourier-Transformation (FT) konnten strömungstechnische Druckpulsationen innerhalb des Motorluftpfades abgebildet werden. Die Druckpulsationen werden dort an Stützstellen über die Inverse diskrete FT-Methode berechnet, an denen sie einen relevanten Einfluss auf das innermotorische Verhalten nehmen. Dadurch bietet das Modell weiterhin eine hohe Rechengeschwindigkeit wie die eines FuE-Modells, kann jedoch strömungsmechanische Effekte eines detaillierten 1D-Motormodells darstellen, ohne sie explizit zu berechnen. Die Systemarchitektur wurde für die zwei konventionellen Simulations-Tools GT-POWER und MATLAB-/Simulink vorgestellt. Der Ansatz wurde sowohl für das dieselmotorische als auch für das ottomotorische Konzept präsentiert und bereits an folgenden Stellen vorgestellt und diskutiert: [70–72].

In einem weiteren Schritt dieser Arbeit wurde ein Ansatz für ein semiphisikalisches NO-Rohemissionsmodell vorgestellt. Durch eine Untersuchung der kinetischen Prozesse zur NO-Formation wurden die wichtigsten Einflüsse herausgearbeitet und in einem Produktansatz vereint. Das Modell arbeitet arbeitsspielaufgelöst und erfüllt damit die Bedingung für eine hohe Rechengeschwindigkeit. Gegenüber statistischen Modellen, die standardmäßig bei der Audi AG für schnelle NO-Berechnungen herangezogen werden, konnte das semiphisikalische Modell die Eigenschaften einer hohen Prädiktivität und einer sehr guten Übertragbarkeit vorweisen. Eine transiente Validierung hat ergeben, dass vor allem dynamische Effekte, die innerhalb von Fahrzyklen gefordert werden, durch die Physikalität des Modells berücksichtigt werden. Der NO-Modellierungsansatz wurde unter anderem in [72] vorgestellt.

Das entwickelte FT-Motormodell wurde gemeinsam mit dem NO-Modell in eine Gesamtfahrzeug-Umgebung integriert und am HiL-Prüfstand angebunden. Durch diverse Untersuchungen hinsichtlich der Kopplungsmöglichkeiten konnte eine favorisierte Methode ermittelt werden, die die unterschiedliche

Abtastrate des Modells mit der des Steuergerätes vereint. Dadurch konnten Gesamtsystem-seitig bis zu 22 % an Geschwindigkeitspotential herausgearbeitet werden, wobei dieser Wert je nach Ausgangsbasis des entsprechenden Motormodells auch höher ausfallen kann. Eine HiL-Simulation konnte für stationäre Betriebspunkte für Motordrehzahlen bis zu 3500 min^{-1} durchgeführt werden. Die Ergebnisse der Untersuchungen als auch weitergehende Details wurden in [71] und [73] präsentiert.

Ein solches Modell bietet neben dem Einsatz zur Unterstützung der Echtzeitanwendungsgebiete wie die der Hardware-in-the-Loop, der OBD oder der Funktionsentwicklung weiterhin die Einsatzmöglichkeit in der Längsdynamik. Durch einen dortigen Einsatz können im Vergleich zu bisherigen kennfeldbasierten Motormodellen qualitativ hochwertigere Aussagen über das Motorverhalten getroffen werden. Insbesondere bei dynamischen Zertifizierungszyklen (WLTC etc.) ist die Berücksichtigung der Motordynamik und der Strömungsmechanik von großer Bedeutung für die Ergebnisqualität.

Literaturverzeichnis

[1] FERZIGER, J. H. ; PERIĆ, M.: *Numerische Strömungsmechanik*. Berlin, Heidelberg : Springer Berlin Heidelberg, 2008

[2] MERKER, G. P. ; TEICHMANN, R.: *Grundlagen Verbrennungsmotoren: Funktionsweise, Simulation, Messtechnik*. 7., vollst. überarb. Aufl. 2014. Wiesbaden : Springer Fachmedien Wiesbaden, 2014

[3] GAMMA TECHNOLOGIES (Hrsg.): *GT Suite Flow Theory Manual Version 7.5*. Westmont, USA, 2015

[4] GUZZELLA, L. ; ONDER, C. H.: *Introduction to Modeling and Control of Internal Combustion Engine Systems*. Berlin, Heidelberg : Springer Berlin Heidelberg, 2010

[5] MARTÍNEZ-MORALES, J. D. ; PALACIOS-HERNÁNDEZ, E. R. ; VELÁZQUEZ-CARRILLO, G. A.: Modeling and multi-objective optimization of a gasoline engine using neural networks and evolutionary algorithms. In: *Journal of Zhejiang University SCIENCE A* 14 (2013), Nr. 9, S. 657–670

[6] LICHTENTHÄLER, D.: *Verein Deutscher Ingenieure: Fortschrittberichte VDI / 12. Bd. 454: Prozessmodelle mit integrierten neuronalen Netzen zur Echtzeit-Simulation und Diagnose von Verbrennungsmotoren*. Düsseldorf : VDI-Verl., 2001

[7] ETAS GMBH (Hrsg.): *ETAS ASCMO Benutzerhandbuch V4.6*. Stuttgart, 2015

[8] ISERMANN, R. (Hrsg.): *Modellgestützte Steuerung, Regelung und Diagnose von Verbrennungsmotoren*. Berlin, Heidelberg, s.l. : Springer Verlag, 2003

[9] HARTMANN, B.: *Lokale Modellnetze zur Identifikation und Versuchsplanung nichtlinearer Systeme*. Siegen, Universität Siegen, Dissertation, 2014

[10] HAFNER, M. ; SCHÜLER, M. ; NELLES, O. ; ISERMANN, R.: *Fast neural networks for diesel engine control design.* 2000 (Control Engineering Practice 8, IFAC - International Federation of Automatic Control)

[11] GAMMA TECHNOLOGIES (Hrsg.): *GT Suite Mechanics Theory Manual Version 7.5.* Westmont, USA, 2015

[12] LEITENBERGER B.: *Die Entwicklung der Intel Prozessoren.* http://www.bernd-leitenberger.de/intel-prozessoren.shtml. Version: 20.07.2016

[13] *Geschichte und Entwicklung der Prozessoren seit dem Intel 4004.* http://www.pc-erfahrung.de/prozessor/cpu-historie.html. Version: 20.07.2016

[14] FORSCHUNGSINSTITUT FÜR KRAFTFAHRWESEN UND FAHRZEUGMOTOREN STUTTGART (Hrsg.): *FkfsUserCylinder: Bedienungsanleitung zur GT-Power-Erweiterung FkfsUserCylinder Version 2.5.* Stuttgart, 2015

[15] BOSSERT, M.: *Einführung in die Nachrichtentechnik.* München : Oldenbourg, 2012

[16] COOLEY, J. W. ; TUKEY, J. W.: *Bell telephone system technical publications.* Bd. 4990: *An algorithm for the machine calculation of complex Fourier series.* New York, NY : Bell Telephone Laboratories, 1965

[17] BUTZ, T.: *Fouriertransformation für Fußgänger.* 7., aktualisierte Aufl. Wiesbaden : Vieweg + Teubner, 2011

[18] BASSHUYSEN, R. van (Hrsg.) ; SCHÄFER, F. (Hrsg.): *Handbuch Verbrennungsmotor: Grundlagen, Komponenten, Systeme, Perspektiven.* 6., aktualisierte und erw. Aufl. Wiesbaden : Vieweg+Teubner Verlag, 2012 (ATZ-MTZ-Fachbuch)

[19] HOFFMANN, R. ; WOLFF, M.: *Intelligente Signalverarbeitung 1: Signalanalyse.* 2. Aufl. Berlin : Springer Vieweg, 2014

[20] HARRIS, F. J.: On the use of windows for harmonic analysis with the discrete Fourier transform. In: *Proceedings of the IEEE.* 1978, S. 51–83

[21] MEFFERT, B. ; HOCHMUTH, O.: *Werkzeuge der Signalverarbeitung: Grundlagen, Anwendungsbeispiele, Übungsaufgaben.* München : Pearson Studium, 2004 (Pearson Studium Technische Informatik)

[22] Kaiser, G.: *A friendly guide to wavelets.* Boston : Birkhäuser, 1994

[23] Rabiner, L.R. ; Schafer, R.W.: *Digital processing of speech signals.* Englewood Cliffs, NJ : Prentice-Hall, 1978

[24] Terhardt, E.: *Akustische Kommunikation: Grundlagen mit Hörbeispielen.* Berlin, Heidelberg : Springer, 1998

[25] Morlet, J. ; Arens, G. ; Fourgeau, I. ; Giard, D.: *Wave propagation and sampling theory.* 1982 (Geophysics)

[26] Shensa, M. J.: *The Discrete Wavelet Transform.* Ft. Belvoir : Defense Technical Information Center, 1991

[27] Bäni, W.: *Wavelets: Eine Einführung für Ingenieure.* München : Oldenbourg, 2002

[28] Bergh, J. ; Ekstedt, F. ; Lindberg, M.: *Wavelets mit Anwendungen in Signal- und Bildbearbeitung.* Berlin, Heidelberg : Springer-Verlag Berlin Heidelberg, 2007

[29] Blatter, C.: *Wavelets - eine Einführung: Für Mathematiker, Ingenieure und Informatiker.* 2., durchges. Aufl. Braunschweig : Vieweg, 2003 (Advanced lectures in mathematics)

[30] Brigola, R.: *Fourieranalysis, Distributionen und Anwendungen: Ein Einstieg für Ingenieure, Naturwissenschaftler und Mathematiker.* Braunschweig : Vieweg, 1997 (Vieweg Lehrbuch angewandte Mathematik)

[31] Zwicker, E.: *Psychoacoustics.* Second updated ed. Berlin : Springer, 1982

[32] Randall, R. B.: *Application of B & K equipment to frequency analysis.* 2. ed., 2. print. Naerum, Denmark : Brüel & Kjær, 1977

[33] Beranek, L. L.: *Acoustic measurements.* New York : J. Wiley, 1949

[34] Traunmüller, H.: *Analytical expressions for the tonotopic sensory scale.* 1990 (JASA 88)

[35] Zwicker, E. ; Fastl, H.: *Springer series in information sciences.* Bd. 22: *Psychoacoustics: Facts and models.* Berlin : Springer, 1990

[36] MERKER, G. ; STIESCH, G.: *Technische Verbrennung - Motorische Verbrennung.* Stuttgart : B.G. Teubner Verlag, 1999

[37] WARNATZ, J. ; MAAS, U.: *Technische Verbrennung: Physikalisch-Chemische Grundlagen, Modellbildung, Schadstoffentstehung.* Berlin, Heidelberg : Springer Verlag, 1993

[38] BINDER, K. B.: Dieselmotorische Verbrennung. In: MOLLENHAUER, H. K.; T. K.; Tschöke (Hrsg.): *Handbuch Dieselmotoren.* Berlin, Heidelberg : Springer-Verlag Berlin Heidelberg, 2007 (VDI-Buch), S. 68–84

[39] SCHMIDT, D.: *Motorische Verbrennung und Abgase: Vorlesungsumdruck.* Stuttgart, 2014

[40] WAGNER, C. ; VDI VERLAG GMBH (Hrsg.): *Untersuchung der Abgasrückführung an Otto- und Dieselmotor.* Mühltal, 1999 (Reihe 12, Nr. 402)

[41] LUMPP, B. C.: *Echtzeitfähige Stickoxidmodellierung zur Integration im Steuergerät eines Nutzfahrzeug-Dieselmotors.* München, Technische Universität, Dissertation, 2011

[42] LAVOIE, G. A. ; HEYWOOD, J. B., KECK, J. C.: Experimental and Theoretical Investigation of Nitric Oxide Formation in Internal Combustion Engines. In: *Combustion Science and Technology* (1970), Nr. 1, S. 313–326

[43] ZELDOVICH, Y. B.: The Oxidation of Nitrogen in Combustion Explosions. In: *Acta Physicochimica U.S.S.R.* (1946), Nr. 21, S. 577–628

[44] SCHWEIMER, G. ; RÖPKE, S. ; STRAUSS, T. ; VOLKSWAGEN AG (Hrsg.): *NOx Bildung im Dieselmotor: Simulation mit einem 2-Zonen Modell.* Wolfsburg, 1994

[45] URLAUB, A.: *Verbrennungsmotoren: Grundlagen, Verfahrenstheorie, Konstruktion.* Zweite, neubearbeitete Auflage. Berlin, Heidelberg : Springer Verlag, 1995

[46] ERICSON, C. ; WESTERBERG, B. ; ANDERSSON, M. ; EGNELL, R.: *Modelling Diesel Engine Combustion and NOx Formation for Model Based Control and Simulation of Engine and Exhaust Aftertreatment Systems: SAE Paper 2006-01-0687.* 2006

[47] MOLLENHAUER, K. (Hrsg.) ; TSCHÖKE, H. (Hrsg.): *Handbuch Dieselmotoren.* 3., neubearbeitete Auflage. Berlin, Heidelberg : Springer-Verlag Berlin Heidelberg, 2007 (VDI-Buch)

[48] KOGER, S.: *Reaktionskinetische Untersuchungen zur Umwandlung stickstoffhaltiger Gaskomponenten unter Bedingungen der Abfallverbrennung.* Karlsruhe, Universität Karlsruhe, Dissertation, 2009

[49] FENIMORE, C. P.: Formation of Nitric Oxide in Premixed Hydrocarbon Flames. In: *13th Symp. (Int'l.) on Combustion.* 1971, S. 373–380

[50] GÄRTNER, U.: *Die Simulation der Stickoxid-Bildung in Nutzfahrzeug-Dieselmotoren.* Darmstadt, Technische Hochschule, Dissertation, 2001

[51] KOLAR, J.: *Stickstoffoxide und Luftreinhaltung: Grundlagen, Emissionen, Transmission, Immissionen, Wirkungen.* Berlin, Heidelberg : Springer Berlin Heidelberg, 1990

[52] PISCHINGER, F.: *Verbrennungsmotoren: Vorlesungsumdruck.* RWTH Aachen, 1996

[53] SCHOMANN, L.: *Infrarot- und Massenspektrometer-System für die dynamische Messung von Motorabgasen.* Hamburg-Harburg, Technische Universität, Dissertation, 2013

[54] WASCHATZ, U.: *Statistische Versuchsplanung - zuverlässiger und schneller zu Ergebnissen.* DLR-Wissenschaftszentrum, Braunschweig, 2003

[55] TEMMLER, M.: *Steuergerätetaugliche Verbrennungsoptimierung mit physikalischen Modellansätzen.* Stuttgart, Universität Stuttgart, Dissertation, 2014

[56] MERKER, G. ; OTTO, F. ; STIESCH, G. ; SCHWARZ, C.: *Verbrennungsmotoren: Simulation der Verbrennung und Schadstoffbildung.* 3. Wiesbaden : Teubner Verlag, 2006

[57] ZILLMER, M.: *Stickoxid- und Rußbildung bei dieselmotorischer Verbrennung.* Braunschweig, Technische Universität Carolo-Wilhelmina, Dissertation, 1998

[58] GRILL, M.: *Objektorientierte Prozessrechnung von Verbrennungsmotoren.* Stuttgart, Universität Stuttgart, Dissertation, 2006

[59] WOSCHNI, G.: Die Berechnung der Wandverluste und der thermischen Belastung der Bauteile von Dieselmotoren. In: *MTZ - Motortechnische Zeitschrift* 31 (1970), S. 491–499

[60] HOHENBERG, G.: *Experimentelle Erfassung der Wandwärme in Kolbenmotoren*. Graz, Technische Universität, Habilitationsschrift, 1980

[61] HUBER, K.: *Der Wärmeübergang schnelllaufender, direkteinspritzender Dieselmotoren*. München, Technische Universität, Dissertation, 1990

[62] BARGENDE, M.: *Ein Gleichungsansatz zur Berechnung der instationären Wandwärmeverluste im Hochdruckteil von Ottomotoren*. Darmstadt, Technische Hochschule, Dissertation, 1991

[63] KŐZUCH, P.: *Ein phänomenologisches Modell zur kombinierten Stickoxid- und Rußberechnung bei direkteinspritzenden Dieselmotoren*. Stuttgart, Universität, Dissertation, 2004

[64] HOHLBAUM, B.: *Beitrag zur rechnerischen Untersuchung der Stickstoffoxid-Bildung schnellaufender Hochleistungsmotoren*. Karlsruhe, Universität Karlsruhe, Dissertation, 1992

[65] KAAL, B.: *Transient Simulation of Nitrogen Oxide Emissionsof CI Engines: SAE Paper 2016-01-1002*. 2016

[66] LAMBERG, K.: *Durchgängiges, automatisiertes Testen bei der Entwicklung von Automobilelektronik*. Berlin, 2003 (Simulation und Test in der Funktions- und Softwareentwicklung)

[67] ISERMANN, Rolf: *Elektronisches Management motorischer Fahrzeugantriebe: Elektronik, Modellbildung, Regelung und Diagnose für Verbrennungsmotoren, Getriebe und Elektroantriebe*. Wiesbaden : Vieweg+Teubner, 2010 (Praxis. ATZ/MTZ-Fachbuch)

[68] DSPACE: *Implementation: RTI and RTI-MP: Release 2013-A*. 2013

[69] DSPACE: *RTI and RTI-MP. Implementation Guide: Realease-A*. 2013

[70] MIRFENDRESKI, A. ; SCHMID, A. ; GRILL, M. ; KUTSCHERA, I. ; BARGENDE, M.: *Real-time Capable 1-D Engine Simulation Model with the Fast Fourier Transformation (FFT) Concept*. Berlin : 2nd Conference on Engine Processes, 2015

[71] MIRFENDRESKI, A. ; SCHMID, A. ; GRILL, M. ; BARGENDE, M.: *Finding Coupling Strategies of a Real-Time Capable Fourier-Transformation-based Engine Model on a HIL-Simulator.* Berlin : 7. Tagung Simulation und Test für die Fahrzeugtechnik, 2016

[72] MIRFENDRESKI, A. ; SCHMID, A. ; GRILL, M. ; BARGENDE, M.: *Presenting a Fourier-Based Air Path Model for Real-Time Capable Engine Simulation Enhanced by a Semi-Physical NO-Emission Model with a High Degree of Predictability: SAE Paper 2016-01-2231.* 2016

[73] MIRFENDRESKI, A. ; SCHMID, A. ; GRILL, M. ; BARGENDE, M.: *Methode zur Optimierung von HiL-Modellen mittles einer Offline-Umgebung.* Hanau : VPC - Simulation und Test: Herausforderungen durch die RDE-Gesetzgebung, 18. MTZ-Fachtagung, 2016

Anhang

A.1 Versuchsträger

Tabelle A.1: Technische Daten: V6-TDI-Gen2evo LK2

Bauart	-	V90°
Zylinderzahl	-	6
Anzahl Ventile	-	4
Hubraum 1Zyl	cm³	494.5
Hub/Bohrung	mm	91.4 / 83.0
Hub/Bohrungsverhältnis	-	1.1
Verdichtung (geom.)	-	16.8
Zündfolge	-	1-4-3-6-2-5
Nennleistung	kW	184 (4000 min^{-1})
Max. Drehmoment	Nm	400-550 (1250-3000 min^{-1})
Gemischaufbereitung	-	Common-Rail-Direkteinspritzsystem (BOSCH CRS 3.2/3.3) mit Piezo-Injektoren, 2000 bar
Abgasturbolader	-	HTT GTD2056 mit elektr. VTG-Steller
Abgasrückführung	-	Hochdruck-AGR-Modul
Ansaugmodul	-	Getrennte Kanalführung für Drall- und Füllkanal, Steuerung der Ansaugluft über Drallklappe, Verstellung über E-Steller
Abgasnorm	-	EU5

Tabelle A.2: Technische Daten: V6-TDI Konzeptmotor

Bauart	-	V90 °
Zylinderzahl	-	6
Anzahl Ventile	-	4
Hubraum 1Zyl	cm³	494.5
Hub/Bohrung	mm	91.4 / 83.0
Hub/Bohrungsverhältnis	-	1.1
Verdichtung (geom.)	-	16.0
Pleuellänge	mm	160.5
Zündfolge	-	1-4-3-6-2-5
Nennleistung	kW	170
Max. Drehmoment	Nm	500 (1250-3250 min^{-1})
Max. Zylinderdruck	bar	170^{+5}
Max. effektiver Mitteldruck	bar	21.4
Min. Leerlaufdrehzahl	min^{-1}	630
Gemischaufbereitung	-	Common-Rail-Direkteinspritzsystem mit Piezo-Injektoren, 2000 bar
Abgasturbolader	-	HTT GTD20 mit elektr. VTG-Steller
Abgasrückführung	-	Hochdruck/Niederdruck
AGR-Modul	-	HD-AGR-/ND-AGR-Modul aus einstufigem AGR-Kühler, elektr. AGR-Ventil & unterdruckbetätigtem Bypassventil
Ansaugmodul	-	Getrennte Kanalführung für Drall- und Füllkanal, Steuerung der Ansaugluft über Drallklappe, Verstellung über E-Steller

Tabelle A.3: Technische Daten: V8-TDI-Gen3

Bauart	-	V90 °
Zylinderzahl	-	8
Anzahl Ventile	-	4
Hubraum 1Zyl	cm³	494.5
Hub/Bohrung	mm	91.4 / 83.0
Hub/Bohrungsverhältnis	-	1.1
Verdichtung (geom.)	-	16.0
Pleuellänge	mm	160.5
Zündfolge	-	1-5-4-8-6-3-7-2
Nennleistung	kW	320 (3750-5000 min⁻¹)
Max. Drehmoment	Nm	900 (1000-3250 min⁻¹)
Max. Zylinderdruck	bar	170^{+5}
Min. Leerlaufdrehzahl	min⁻¹	630
Gemischaufbereitung	-	Common-Rail-Direkteinspritzsystem (BOSCH CRS 3.25) mit Piezo-Injektoren, 2500 bar
Abgasturbolader	-	GTD2056 mit elektr. VTG-Steller
Abgasrückführung	-	Hochdruck/Niederdruck
AGR-Modul	-	HD-AGR-/ND-AGR-Modul aus einstufigem AGR-Kühler, elektr. AGR-Ventil & unterdruck betätigtem Bypassventil
Ansaugmodul	-	Getrennte Kanalführung für Drall- und Füllkanal, Steuerung der Ansaugluft über Drallklappe, Verstellung über E-Steller
Abgasnorm	-	EU6

Tabelle A.4: Technische Daten: V6-TFSI KoVOMo LK3

Bauart	-	V90 °
Zylinderzahl	-	6
Anzahl Ventile	-	4
Hubraum 1Zyl	cm^3	482.3
Hub/Bohrung	mm	86.0 / 84.5
Hub/Bohrungsverhältnis	-	1.02
Verdichtung (geom.)	-	10.5
Pleuellänge	mm	155
Zündfolge	-	1-4-3-6-2-5
Nennleistung	kW	330 (5750-6750 min^{-1})
Max. Drehmoment	Nm	550 (570) (1750-5750 min^{-1})
Max. Zylinderdruck	bar	115
Min. Leerlaufdrehzahl	min^{-1}	580
Gemischaufbereitung	-	DI-Homogen
Abgasturbolader	-	ATL-Modul HSI
Abgasrückführung	-	Interne AGR
Ansaugmodul	-	Getrennte Kanalführung
Abgasnorm	-	EU6W

A.2 Anzahl an Ordnungen vs. Gütekriterium

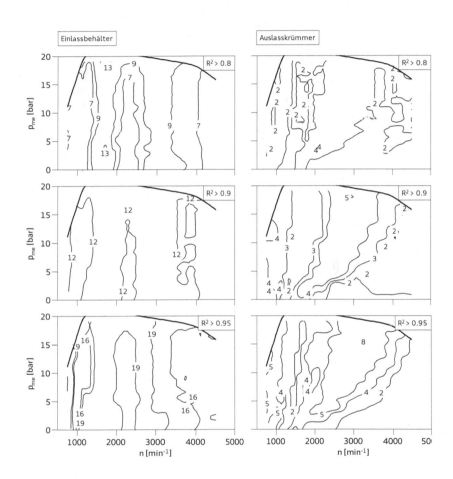

Abbildung A.1: Anzahl an Ordnungen in Abhängigkeit des Gütekriteriums R^2 (Zylinder)

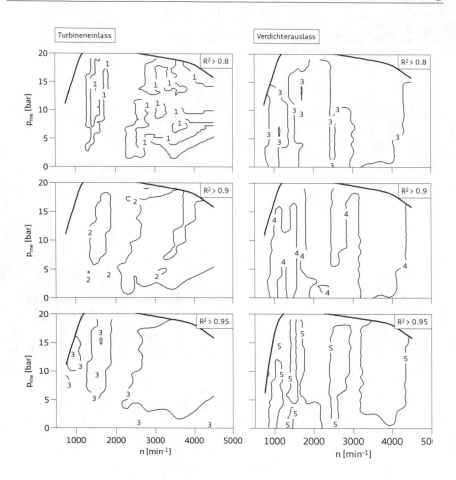

Abbildung A.2: Anzahl an Ordnungen in Abhängigkeit des Gütekriteriums R^2
(ATL)

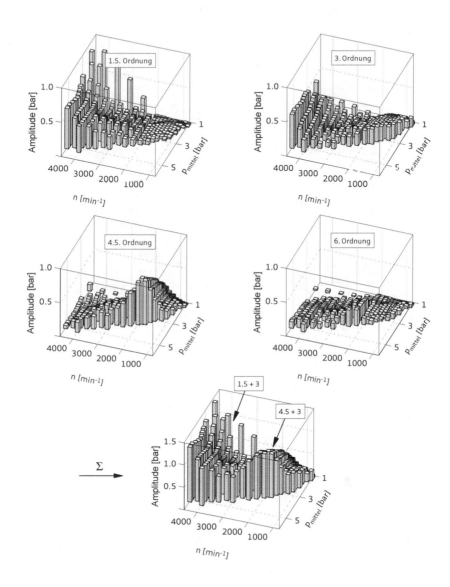

Abbildung A.3: Dreidimensionale Darstellung der Amplitudenspektren

A.3 HiL-System

Abbildung A.4: Schnittstelle für die Implementierung eines GT-Motormodell in eine MATLAB/Simulink Umgebung

Printed in the United States
By Bookmasters